图解畜禽标准化规模养殖系列丛书

鸭标准化规模养殖图册

程安春　王继文　主编

U0395100

中国农业出版社

北　京

丛书编委会

本书编委会

主　　编　　程安春　王继文

编写人员　　（按姓氏笔画排序）

王继文　甘　超　朱德康　刘贺贺

李　亮　汪铭书　陈　舜　陈孝跃

胡继伟　夏　露　程安春

总　序

我国畜牧业近几十年得到了长足的发展和取得了突出的成就，为国民经济建设和人民生活水平提高发挥了重要的支撑作用。目前，我国畜牧业正处于由传统畜牧业向现代畜牧业转型的关键时期，畜牧生产方式必然发生根本的变革。在新的发展形势下，尚存在一些影响发展的制约因素，主要表现在畜禽规模化程度不高，标准化生产体系不健全，疫病防治制度不规范，安全生产和环境控制的压力加大。主要原因在于现代科学技术的推广应用还不够广泛和深入，从业者的科技意识和技术水平尚待提高，这就需要科技工作者为广大养殖企业和农户提供更加浅显易懂、便于推广使用的科普读物。

《图解畜禽标准化规模养殖系列丛书》的编写出版，正是适应我国现代畜牧业发展和广大养殖户的需要，针对畜禽生产中存在的问题，对猪、蛋鸡、肉鸡、奶牛、肉牛、山羊、绵羊、兔、鸭、鹅10种畜禽的标准化生产，以图文并茂的方式介绍了标准化规模养殖全过程、产品加工、经营管理的关键技术环节和要点。丛书内容十分丰富，包括畜禽养殖场选址与设计、畜禽品种与繁殖技术、饲料与日粮配制、饲养管理、环境卫生与控制、常见疾病诊治与防疫、畜禽屠宰与产品加工、畜禽养殖场经营管理等内容。

本套丛书具有鲜明的特点：一是顺应现代畜牧业发展要求，引领产业发展。本套丛书以标准化和规模化为着力点，对促进我国畜牧业生产方式的转变，加快构建现代产业体系，推动产业转型升级，深入推进畜牧业标准化、规模化、产业化发展具有重要意义。二是组织了实力雄厚的创作队伍，创作团队由国内知名专家学者组成，其中主要包括大专院校和科研院所的专家、教授，国家现代农业产业技术体系的岗位科学家和骨干成员、养殖企业的技术骨干，他们长期在教学和畜禽生产一线工作，具有扎实的专业理论知识和实践经验。三是立意新颖，用图解的方式完整解析畜禽生产全产业链的关键技术，突出标准化和规模化特色，从专业、规范、标准化的角度介绍国内外的畜禽养殖最新实用技术成果和标准化生产技术规程。四是写作手法创新，突出原创，通过作者自己原创的照片、线条图、卡通图等多种形式，辅助以诙谐幽默的大众化语言来讲述畜禽标准化规模养殖和产品加工过程中的关键技术环节和要求，以及经营理念。文中收录的图片和插图生动、直观、科学、准确，文字简练、易懂、富有趣味性，具有一看就懂、一学即会的实用特点。适合养殖场及相关技术人员培训、学习和参考。

本套丛书的出版发行，必将对加快我国畜禽生产的规模化和标准化进程起到重要的助推作用，对现代畜牧业的持续、健康发展产生重要的影响。

中国工程院院士
华中农业大学教授　　陈焕春

编 者 的 话

　　针对现阶段我国畜禽养殖存在的突出问题，以传播现代标准化养殖知识和规模化经营理念为宗旨，四川农业大学牵头组织200余人共同创作《图解畜禽标准化规模养殖系列丛书》，包括猪、奶牛、肉牛、蛋鸡、肉鸡、鸭、鹅、山羊、绵羊和兔10本图册，于2013年1月由中国农业出版社出版发行。丛书将"畜禽良种化、养殖设施化、生产规范化、防疫制度化、粪污处理无害化"的内涵贯穿于全过程，充分考虑受众的阅读习惯和理解能力，采用通俗易懂、幽默诙谐的图文搭配，生动形象地解析畜禽标准化生产全产业链关键技术，实用性和可操作性强，深受企业和养殖户喜爱。丛书发行覆盖了全国31个省、自治区、直辖市，发行10万余册，并入选全国"养殖书屋"用书，对行业发展产生了积极的影响。

　　为了进一步扩大丛书的推广面，在保持原图册内容和风格基础上，我们重新编印出版简装本，内容更加简明扼要，易于学习和掌握应用知识，并降低了印刷成本。同时，利用现代融媒体手段，将大量图片和视频资料通过二维码链接，用手机扫描观看，极大方便了读者阅读。相信简装本的出版发行，将进一步普及畜禽科学养殖知识，提升畜禽标准化养殖和畜产品质量安全水平、助推脱贫攻坚和乡村振兴战略实施。

前　言

我国养鸭历史悠久，是世界上养鸭最多的国家，每年出栏肉鸭约40亿只，占全世界的70%以上，是我国最具特色的畜牧产业之一，是农村和农民增收致富的重要支柱产业。

中国是鸭品种资源最为丰富的国家，许多品种具有明显的地方特色，限于篇幅，本书仅介绍几种肉鸭和肉蛋兼用型鸭品种，如北京鸭、樱桃谷北京鸭、天府肉鸭、番鸭、高邮鸭、建昌鸭等。

目前我国的养鸭模式已经并正在发生深刻的变化，小群体散养、放牧等养殖方式生产鸭的数量逐渐减少，而规模化、集约化养殖方式生产鸭的数量逐渐增多并成为未来的发展趋势。

鸭病种类繁多，病毒性疾病有19种以上，细菌性疾病有13种以上，还有寄生虫病、真菌性疾病、中毒性疾病、营养代谢性疾病等，本书难以概全，仅选择几种常见病进行介绍。

中华民族对鸭产品的消费方式丰富多样，东西南北各地特色鲜明，鸭羽绒产品也精彩纷呈。本书只对其中一个环节"肉鸭屠宰加工"进行简单介绍，以期读者对肉鸭屠宰加工的工艺流程有一个基本了解。

疾病的控制水平直接影响养鸭的经济效益，在生产实践中常常由于忽略一些细节使得疾病不断发生，甚至严重发生，本书对这些细节进行了初步总结，形成单独的一章"鸭场疫病防控容易忽略的细节"，以期能够警醒养鸭者，以便获得最佳经济效益。

我国幅员辽阔，各地自然条件差异大，鸭的养殖模式也有所不同，肉鸭品种丰富，养殖技术发展迅速，疾病发生不断表现出新的特点，本书力图全面反映，但编完后发现难以概全，只好在今后不断完善。

在本书的编写过程中，国家水禽产业技术体系部分试验站提供了图片拍摄场地，一些相关人员提供了照片，在此一并表示感谢。

由于编者水平所限，难免挂一漏万，敬请读者批评指正。

编　者

目　录

第一节 鸭场的规划

一、鸭场的选址及水质要求

鸭场选址合理与否直接关系到养殖效果，甚至关系到养殖成败。

● **地理位置** 鸭场选址应该符合当地土地利用发展规划与农牧业发展规划的要求，注意地势高燥，总体平坦，背风向阳，用电方便，水源充足，交通便利，利于卫生防疫和环境保护。

具有相对独立、隔离的环境

距居民点1 000米以上，离公路主干线不小于500米，远离其他养殖场，周围1 500米以内无易产生污染的企业和单位

鸭场选址

● 地势　鸭舍地势应高燥平缓，避免建在低洼、积水等潮湿地区，最好向水面倾斜5°～10°，地下水位应低于建筑场地基0.5米，以便排水。在河流、湖泊旁建场，应选在比当地历年水位线高1～2米的地方；常发洪水地区，鸭舍必须建于洪水水位线以上；山区应选择

鸭舍地势高燥平缓

在半山腰建场，不宜选择在山丘顶和山坳里，前者风速过大，不利于鸭舍冬季保温，后者空气流动差、空气湿度大、闷热和阴冷。

● 土质　建鸭舍的土质最好是沙壤土，其透气性好，容水量及吸湿性小，质地均匀，抗压性强，能保证鸭舍干燥且建筑物不易变形。

鸭舍的土质最好是沙壤土

沙质土地面不容易造成积水

适用于无经济能力硬化地面的鸭场，但这种地面不容易进行场地消毒和疫病防控

● **朝向** 多采用南北向朝向，做到冬暖夏凉，防止冬季受风，夏季迎西晒太阳。

鸭舍的长轴方向与夏季主风方向垂直，炎热夏季可获得良好通风。间距大于20米，有利于鸭舍的空气流动和通风。

鸭舍朝南，冬暖夏凉

种树和设置防晒网

> 运动场上可牵铁丝网，烈日天气可覆盖防晒网，或种植树冠大树叶多的树种，以减轻辐射和降低运动场温度

● **饮用水的水质要求** 鸭的饮用水水质要求比戏水活动用的水质要求更高，应该达到人类饮用自来水的水平，特别是大肠杆菌、沙门氏菌含量不能超标。

> 鸭场应该自备储水罐，也可建专门的水塔。储水罐如果能够埋在2米以下深处，通过水泵泵入饮水器，可保证炎热夏天引用水有较低温度，从而更好地保证鸭的饮水量和采食量

自备储水罐，置于
地势较高处

水槽中的水已达到人类
生活饮用自来水的标准

鸭的饮用水

水源大肠杆菌超标的鸭场，可以考虑自行安装二氧化氯发生器对进入鸭舍的饮用水提前进行消毒

二、鸭场的布局

鸭场布局的基本原则是便于管理，有利于提高工作效率；便于搞好卫生防疫工作；充分考虑饲养作业流程的合理性；节约基建投资。

鸭场生活办公区、辅助生产区、生产区、粪污处理和隔离区必须相互隔离，独立建设。

①办公楼；②门卫及其消毒隔离门；③孵化厅；④种鸭养殖区；⑤场外道路；⑥场内道路；⑦绿化带；⑧围墙；⑨养鱼池（很好的隔离措施）

生活办公区、孵化区与生产区相互独立建设

粪污处理区

粪污处理区与鸭舍之间应有墙隔离，有一定距离，设在生产区下风方向

第二节　鸭舍的类型与建设

鸭舍的建设：可根据自身经济实力等因地制宜灵活选择和安排。

鸭舍类型：主要分为育雏鸭舍、产蛋种鸭舍和商品鸭舍。

鸭舍建筑的基本要求：冬暖夏凉，换气良好，光线充足，消毒方便，经济实用。

鸭舍建筑材料：可以是彩钢结构房舍、砖瓦结构房舍，也可建成简易的木、竹、草顶结构房舍等。

网上饲养：室内网上饲养可减弱季节、气候、生态环境的不利影响，一年四季均可饲养，大大提高肉鸭的饲养效益，有利于卫生防疫、保护环境、减少污染。①网床以软质塑料网为好，也可用钢丝网、木栅网、竹栅网等。②网床支架可用水泥预制件、砖垛、短墙、钢材等，网面距地面1米左右。③0～14日龄鸭，网眼大小为2厘米左右；15日龄后，网眼大小为2～4厘米。

地面饲养：地面用水泥硬化，方便清洗、消毒。

一、育雏鸭舍

育雏舍内部净空高度为3米左右。

● 网上育雏　网上育雏有利于疫病控制和提高存活率，值得推广。

➤ 单层育雏鸭舍

砖混＋竹（木）结构网上育雏鸭舍

①过道，宽1米左右；②防水坎，高20～30厘米；③砖混结构支架，高1米左右；④网结构边栏，高约30厘米；⑤竹（木）网床支架；⑥饮水器；⑦钢筋混凝土柱子；⑧竹（木）屋顶支架；⑨屋顶最内层铺垫塑料薄膜，最外层石棉瓦之间为稻草、麦秸或泡沫等材料，有利于喷雾消毒、保温等

砖混＋钢架结构网上育雏鸭舍

左：①过道，宽1米左右；②防水坎，高20～30厘米；③钢架结构支架，高1米左右；④网结构边栏，高约30厘米；⑤供热管。右：①饲料盘；②乳头饮水器；③供热管

➤ **多层式网上育雏鸭舍**　每个房间两边放置层架式网上育雏装置（一般为2～3层），中间留出宽度为1米左右的走廊，放置取暖设备，方便管理。

> ① 距地面50～60厘米；② 层间50～60厘米；③ 供暖器；④水管

钢架结构多层式网上育雏笼（适宜小规模养殖场）

● **地面育雏鸭舍**　舍内可分成若干个单独的育雏间，每小间的面积为15～20米²，可容纳雏鸭200只左右，每个小间还可分隔成若干小格。设计上可考虑将饮水区与吃料、休息区分开建造，使得雏鸭饮水时溅出的水可漏到排水沟中排出，确保室内干燥。

➤ 设施良好的地面育雏鸭舍

> ①休息区：以干燥、松软的稻壳/木屑等为垫料；②育雏保温伞；③休息区通向饮水、吃料区网质斜坡支架通道；④饮水、吃料区与休息区的隔离墙；⑤饮水、吃料区为网床结构，下为水泥地面，便于清理粪尿及溅出的水；⑥暖气片；⑦乳头饮水器；⑧盛料器

设施良好的地面育雏鸭舍内部结构

➤ 简易地面育雏鸭舍

①房舍主体为混凝土+竹（木）结构；②地面铺垫柔软、干燥的稻草；③饮水器；④料盘；⑤供暖的煤炉；⑥输送热气的管道；⑦带窗的普通砖墙；⑧可卷起的塑料薄膜，用于保暖，也便于透风；⑨竹子构建的屋顶，上铺一层稻草或麦秸，屋顶用石棉瓦压实

简易地面育雏鸭舍

二、产蛋鸭舍

产蛋鸭舍即种鸭舍，每栋种鸭舍根据地形可修 10 ~ 30 间鸭舍（可更少或更多），每间饲养 140 只种鸭，舍内设产蛋窝。产蛋鸭舍一般由棚舍、陆上运动场和水上运动场三部分组成。我国地域辽阔，气候差异巨大，产蛋鸭舍的建设类型应该充分考虑地理环境特点和气候的差异。

● 我国南方地区常见产蛋鸭舍　我国南方水源充足，可考虑给予宽阔的运动水面，实现鸭自然天性享有的戏水福利。但这种鸭舍排污压力大，应该考虑适度规模。规模过大，常造成严重环境污染。

①棚舍；②陆地运动场，用水泥硬化地面，应平坦，无粗糙感，可保护鸭脚不被损伤，便于冲洗、消毒；③水面运动场；④陆地运动场通向水面运动场的斜坡；⑤鸭舍隔离墙；⑥饮水槽，可附着于隔离墙上

产蛋鸭舍（水源不是很充足，水面运动场设置较窄）

单列式简易产蛋鸭舍模式（棚舍外部结构示意图）

　　我国南方夏季高温，气候潮湿，冬天常无严寒，产蛋鸭舍应该充分考虑这些因素。

　　棚舍檐高1.8～2米，窗与地面比例为1∶（10～12）。舍内地面为砖或水泥铺成，便于清洁、消毒，舍内地面比舍外高10～15厘米，以保证干燥。舍内一角设产蛋间，产蛋间可用高60厘米的网围成，也可用水泥板围成，也可专门制作产蛋槽（窝）。地面铺上厚的柔软稻草或干燥锯末。

　　● 我国中部地区常见产蛋鸭舍　　我国中部地区往往也有充足水源，可考虑给予宽阔的运动水面，实现鸭自然天性享有的戏水福利。但这种鸭舍排污压力大，应该考虑适度规模。规模过大，常造成严重环境污染。

①两栋鸭舍间距在20米以上；②窗户面积约占墙体面积1/2，兼具夏季通风和冬季保暖的功能；③水面运动场；④陆地运动场通向水面运动场的斜坡；⑤陆地运动场；⑥鸭舍隔离墙；⑦约1/2陆地运动场建遮雨（阳）棚

中部地区单列式产蛋鸭舍外部结构

①钢架结构支撑的陆地运动场建遮雨（阳）棚；②自动送料机；③饲料盘；④乳头饮水器；⑤水沟（收集鸭饮水时溅出的水，以保持运动场干燥）；⑥供饲养人员进出的通道门

中部地区单列式产蛋鸭舍外部结构

①鸭舍由钢架结构、彩钢板和保温材料建造；②舍内采食及休息区，及时添加干燥、柔软稻草，容易保持鸭体的清洁卫生，空中悬挂饲料盘；③舍内饮水区，空中悬挂乳头饮水器，下为水沟，收集鸭饮水时溅出的水，以保持运动场干燥；④产蛋区，放置足够产蛋箱，内垫柔软、干燥的稻壳或木屑，以保证获得洁净的种蛋；⑤鸭舍与运动场之间的通道

中部地区单列式产蛋鸭舍内部结构

我国中部地区往往夏秋高温，冬天温度较低，应该充分考虑这些因素，重点考虑产蛋鸭舍兼具夏季通风和冬季保暖的功能。

● 我国北方地区常见产蛋鸭舍 我国北方地区往往水源不够充足，冬季寒冷，夏季炎热，空气相对干燥，鸭舍的建造重点考虑节水，兼具夏季通风和冬季保暖的功能。

➤ 我国北方地区常见密闭式产蛋鸭舍 密闭式产蛋鸭舍设施一流，无室外陆地和水上运动场，可大大节约用水，减少粪污的排放，值得进一步研究、改进和推广。

北方地区密闭式产蛋鸭舍外部结构

在修建中鸭舍，采用保温材料建造

北方地区密闭式产蛋鸭舍内部结构（1）
（向华莉赠送）

北方地区密闭式产蛋鸭舍内部结构（2）
（向华莉赠送）

①饮水和采食区域；②隔离墙，高约1米左右；③钢混支撑结构；④休息和产蛋区域：垫柔软、干燥的稻壳或木屑，以保证鸭群良好的休息，获得洁净的种蛋

饮水和采食区域：塑料网下为水泥沟槽，专门收集溅出的水及粪污，从而保证舍内的舒适与干燥

➤ **我国北方地区常见半开放式产蛋鸭舍** 我国北方地区半开放式产蛋鸭舍多采用单栋并在一侧带运动场的模式。半开放式产蛋鸭舍较之密闭式产蛋鸭舍造价低，但使用过程的排污压力及排污费用高，用户可根据自身情况灵活掌握。

北方地区半开放式产蛋鸭舍外部结构

①建筑材料注意采用保温材料，窗的面积一般小于侧墙面积的1/4，有利于冬季保温和夏季通风；②饮水槽与运动场间用铁栅栏隔开，可方便鸭只饮水同时保证水不被污染

（向华莉赠送）

① 垫料；② 饲料槽；③ 各饲养单元间的塑料网隔离栏；④产蛋槽

北方地区半开放式产蛋鸭舍内部结构

三、商品鸭舍

商品鸭舍即商品肉鸭饲养舍或商品肉鸭育肥舍。基本要求是能够遮挡风雨、夏季通风、冬季保暖、室内干燥。北方地区还需特别注意防寒。

商品鸭舍常见类型包括网床式（单列式或双列式）、发酵床式、网床结合发酵床式、网床结合水面式、地面平养式、地面平养结合水面式育肥鸭舍等，可因地制宜进行选择。

● 网床式商品鸭舍　网床式鸭舍有利于鸭病的控制，其发病率往往较发酵床式和地面平养式育肥鸭舍要低得多。但网床式鸭舍往往需要考虑排污的问题。

➤ 我国南方地区常见网床式商品鸭舍　我国南方地区气温较高，往往冬日无严寒，应重点考虑保证室内干燥、环境清洁、消毒状况良好。

（1）钢筋混凝土+彩钢板模式　钢筋混凝土+彩钢板模式需要较大投资，代表未来发展方向。

（2）木砖（或竹）混结构的简易模式　木砖（或竹）混结构的简易模式投资较小，但容易损坏，可根据情况选用。

钢筋混凝土＋彩钢板模式网床式鸭舍内部结构

左图：①饲料槽；②塑料网床；③舍边网栏。右图：①承受网床重量的钢丝绳及其固定一端的示意图；②乳头式饮水器

圈舍基础高出周围平地 30 厘米以上，网床高度 1 米左右，中间工作过道 1 米左右

木砖（或竹）混结构的简易模式外部结构

➢ 我国中部地区常见网床式商品鸭舍

进入鸭舍的第一间作为缓冲间，临时放置饲料、用具等

我国中部地区常见网床式商品鸭舍内部结构（建造中）（1）

我国中部地区常见网床式商品鸭舍内部结构（2）

我国中部地区常见网床式商品鸭舍内部结构（3）

屋顶材料的构成：竹支架与稻草或麦秸房顶之间为塑料薄膜，有利于进行喷雾消毒和防雨水渗漏

➤ 我国北方地区常见网床式商品鸭舍

圈舍的布局及设计注意夏季通风和冬季保暖

我国北方地区常见网床式商品鸭舍内部结构

左图：①饲料盘；②塑料网床；③乳头式饮水器；④暖气片及暖气输送管道；⑤刚运进舍内即将投放的饲料。右图：位于鸭舍一端的供暖设备

● 发酵床式商品鸭舍

➤ 我国南方地区常见发酵床式商品鸭舍 发酵床式养鸭，发酵床培养基垫料需要定期（根据情况3 ~ 7天）用翻扒机械进行翻扒，使鸭粪尿与发酵床培养基充分混合，保证发酵床最大限度处理粪污。

其优点是减少了排放粪污的压力，其缺点是如果发酵床一旦被病原菌污染，往往成为鸭群不断感染的污染源。

我国南方地区常见发酵床式商品鸭舍内部结构

左图：内部整体钢架及彩钢结构。①发酵床体；②料盘；③料槽；④圈舍侧边网栏。右图：①用翻扒机械翻扒发酵床培养基；②乳头式饮水器；③塑料网下是水泥沟槽，用于接收溅落的水

● 网床结合发酵床式商品鸭舍

➤ 我国南方地区常见网床结合发酵床式商品鸭舍 这种结构结合了发酵床和网上养殖的优点，使鸭在整个饲养期不接触发酵床体，既有利于鸭病防控，也有利于减小排放粪污的压力。

我国南方地区常见网床结合发酵床式商品鸭舍内部结构（建造中）

左图：①网床混凝土与木质承重梁；②承重钢丝绳，一端可通过螺丝旋转调节松紧。
右图：①已经铺上塑料网；②已经加注发酵床培养基；③钢筋混凝土固定梁，由承重钢丝绳起固定作用

● **地面平养式商品鸭舍** 一般采用砖木或竹、钢架等结构，直接在地面饲养，必须常更换垫草或垫料，以保持舍内干燥。

常见地面平养式商品鸭舍（砖木结构）　　常见地面平养式商品鸭舍（钢架结构）

第三节 鸭场配套设施

一、孵化厅设施

孵化厅应与外界保持可靠的隔离，应有专门的出入口，与鸭舍有适当距离，防止来自鸭舍的有害微生物进入。孵化厅的设计应该注意保温，墙体、地面要使用保温材料。孵化厅要设置换气设备，使二氧化碳的含量低于0.01%。地面要用水泥硬化，便于消毒，设计要有利于排水。

孵化厅外部结构

淋 浴 室

更 衣 室

工作人员进入孵化厅前，必须洗澡

洗完澡后在进入孵化厅前，必须在更衣室更换专用工作服

● 储蛋室

　　孵化厅要设置储蛋室，密闭，恒温，8℃左右。①空调；②记录表及其测量用温度计；③储蛋架

储 蛋 室

● 种蛋分级室

　　种蛋分级，码筐并上洗蛋架。①蛋筐；②洗蛋架

种蛋分级室

● 洗蛋室

　　可有效清除蛋壳上的污物。①喷嘴板面；②废水收集池；③清洗消毒时必须将门关严

专用洗蛋机

洗蛋液含消毒剂，如漂白粉等

专用洗蛋液

● **熏蒸消毒室** 经清洗晾干的种蛋，进入熏蒸消毒室消毒。

常用福尔马林熏蒸消毒法：每立方米的空间用30毫升40%的甲醛溶液与15克高锰酸钾混合，熏蒸20～30分钟，熏蒸时关闭门窗，室内温度保持在25～27℃，相对湿度为75%～80%，消毒效果较好。如果温度、湿度低，则消毒效果差。熏蒸后迅速打开门窗、通风孔，将气体排出。消毒时产生的气体具有刺激性，应注意防护，避免接触人的皮肤或吸入。

种蛋熏蒸消毒室

①排水沟；②记录本；③温度、湿度调节数码显示屏；④通风换气管道；⑤工作人员2小时巡视一次

双列式孵化室内部结构

出 雏 室

左图为出雏室内部结构，右图为出雏器内部结构

● 孵化室

● 雏鸭分级室　对刚出壳雏鸭进行分级：将个体大小、健康活泼状况一致的雏鸭分为一批，便于饲养管理，提高养殖效益。

手工进行雏鸭分级　　　　转盘机有助于提高手工雏鸭分级的效率

● **清洗、消毒设施设备**　孵化完毕后，孵化、出雏设备应清洗和消毒。

专门车间进行蛋架的清洗、消毒

二、饲料贮藏

饲料贮藏：注意防水、防潮、防鼠、防鸟、防蚊虫等。饲料贮藏库应建在养殖场较高的位置，或人工建设一定高度，底部中空，留通风口，以保证内部环境干燥。通风口处应安装钢丝网防鼠。定期检查房顶，是否有漏水。窗子不要太大，应安装钢丝网防鸟等飞禽。

饲料贮藏库

大规模鸭场应设立专门的饲料塔

小规模鸭场的饲料应该堆放在干燥房间，底部垫防水塑料布

三、环境隔离及其绿化设施

对鸭场进行合理绿化，既有利于保证鸭群的生产性能、减少环境污染，又有利于疫病的防控。

鸭场围墙内外绿化植物墙

鸭舍之间的树木隔离带

四、粪污处理设施

粪污处理应因地制宜，最终达到无害化处理要求。

● **粪便堆积发酵（适合小规模养鸭场）** 粪便堆积发酵产生的热量可杀灭常见的病原微生物。

堆积发酵专用场地

粪便发酵干燥后作为有机肥出售

● **粪便生产沼气（适合小规模养鸭场）** 粪便储藏于专用的沼气池，利用微生物发酵，杀灭粪便中常见的病原微生物，生产沼气，提供清洁能源，用于照明、烧水煮饭等。

沼 气 池

● **粪污净化处理，达标排放** 适合于大规模养鸭场（一般10万只种鸭场可建一排污处理厂），投资大，是未来规模化养鸭场粪污处理的发展方向。

鸭场粪便、污水净化处理厂

鸭场粪便、污水净化处理厂机房

初沉池和调节池

用于设备故障时
暂时存放粪污

事 故 池

风机和好氧池

二 沉 池

● **粪便回收处理和再利用**　大规模养鸭场，可投巨资修建粪便回收处理厂。鸭粪营养丰富，收集后经过发酵等加工处理，可生产优质有机肥，既不污染环境，又能提高经济效益，是未来规模化养鸭场粪污处理的发展方向。

利用鸭粪生产优质有机肥

有机肥加工厂

利用鸭粪生产优质有机肥（将发酵好的鸭粪烘干）

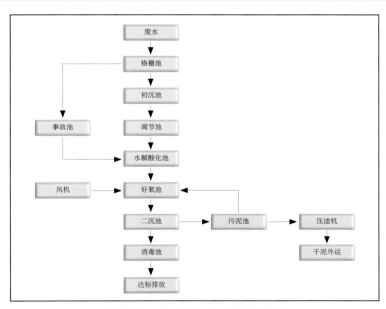

鸭场粪便、污水净化处理厂工艺流程

五、病死鸭处理设施

病死鸭是病原微生物的主要传染源，处理不当容易造成疫病传播和环境污染。目前主要有以下处理设施：①死鸭尸体处理塔或化尸池，利用微生物发酵对死鸭尸体进行无害化处理。②专用焚尸炉，高温焚烧彻底杀灭病原微生物。③深埋坑，将病鸭掩埋于深2米以上的土坑并经生石灰消毒处理。

南昌玉林兴农牧科技有限公司

蛋鸭小区无害化处理制度

1. 严格按照《中华人民共和国动物防疫法》及相关法律法规的规定，对蛋鸭小区内病死鸭进行无害化处理。
2. 养殖小区兽医要及时对病害蛋鸭进行解剖，不做隔天处理，每次做解剖要记录存档。
3. 养殖小区每天把病死的蛋鸭及其污染物等收集起来，用塑料袋装好封口和当天解剖的蛋鸭用专用运尸车运送到病死畜禽无害化处理区集中做深埋处理，深埋1米以下，上面撒上氢氧化钠或生石灰后覆盖上泥土。
4. 用完的疫苗瓶和兽药在消毒液中浸泡1小时以上，之后集中用塑料袋装好，当天深埋处理。
5. 认真做好病死鸭或鸭产品无害化处理记录。
6. 鸭粪等排泄物经环保处理，达到标准后排放，不得未经处理而擅自排放。
7. 违反本制度，造成疫情扩散蔓延，追究责任人的法律责任。

鸭场应该制定和严格执行病死鸭无害化处理的规章制度

病死鸭尸体处理塔

化尸池

病死鸭尸体焚烧专用炉

　　左图：尸体焚烧专用房屋，应坚固、防水，易于清洗，黄色管道为天然气管道。右图：尸体焚烧专用炉。①焚烧炉整体结构；②焚烧炉尸体入口；③暂存不需要马上焚烧尸体的冰箱

六、疫病防治实验室

　　大规模养鸭场应该建立自己的兽医机构，设疫病防治实验室，能够开展常规病原分离、药敏试验及疫苗免疫效果的监测，牢牢掌握鸭病防治的主动权。

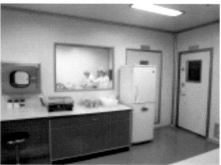

鸭场兽医诊断室基本设备

第四节 养鸭常用用具

小规模鸭场供暖用炉及其烟管

根据鸭子大小选择孔径大小

建造网床的塑料网

料盘下放塑料板，防止饲料散落浪费

网上育雏常用料盘和饮水器

防止鸭进入料盆污染饲料

料盆上放置简易铁丝网罩

鸭舍简易水槽

小型鸭场常用鸭舍供水箱

①塑料管道切除一部分组装形成的简易水槽；②料盘

塑料盆式产蛋箱

乳头式饮水器

小型鸭场简易育雏网床

运输雏鸭用简易木架结合钢丝网箱

单笼饲养采精公番鸭用笼具

养鸭场常配高压冲洗机械

种鸭或育成鸭用木质料槽

发酵床用翻扒机

木质产蛋箱

种蛋收集盘

2 第二章　肉鸭的品种

肉鸭品种较多，在养鸭生产实践中，应根据市场需求、生产性能及当地的环境条件进行品种选择。

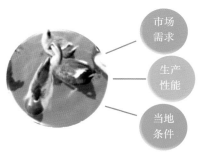

市场需求	根据不同地方的消费习惯，选择适销对路的品种
生产性能	主要考虑产蛋和产肉性能 选择高适应性和高抗病性的品种
当地条件	根据当地的自然环境和经济条件，选择合适的品种

选择肉鸭品种基本要求　　　　　　　　　　　（夏露　李亮　王继文供图）

部分肉鸭和肉蛋兼用型鸭品种介绍如下。

● 北京鸭　原产于我国北京郊区，在我国各地均有分布，是世界上最著名的肉用型鸭。它具有生长快、繁殖率高、适应性强、肉质好等优点。

> **体型外貌**
>
> 体型硕大，体躯长方形，羽毛丰满，羽色纯白并带有奶油光泽。头大颈粗，喙中等大小，呈橘黄色或橘红色，眼大而明亮，翅较小，尾短而上翘。初生雏鸭绒羽金黄色，称为"鸭黄"。

> **肉用性能**
>
> 初生雏鸭体重58～62克，7周龄可以达到3.5千克。成年公鸭体重4.0～4.5千克，母鸭3.5～4.0千克。

繁殖性能

平均开产日龄为165日龄，母本品系平均年产蛋240枚。公母配种比例多为1∶5，种蛋受精率为90%以上。

其他性能

具有良好的产肝性能，填肥2～3周，肥肝重达到300～400克。

北京鸭（公）

北京鸭（母）

（夏露 李亮 王继文引自《中国家禽品种志》）

● **樱桃谷北京鸭**　樱桃谷北京鸭是英国樱桃谷鸭农场用北京鸭为亲本经多年系统选育而成的商用配套系，是世界上著名的肉用鸭种。

樱桃谷北京鸭（左母右公）

（夏露　李亮　王继文引自《中国禽类遗传资源》）

体型外貌

外形与北京鸭大致相同，体型硕大，体躯稍宽。成年鸭头大、颈粗短，全身羽毛白色，个别鸭有零星黑色杂羽，喙橙黄色，少数呈红色，胫蹼橘红色。

肉用性能

早期生长迅速，5周龄可达2.5千克，改进型商品代樱桃谷肉鸭在47日龄后的活重可以达到3.4千克。

繁殖性能

母鸭开产在175日龄左右，产蛋40周，产蛋量约为220枚。公母配种比例为1∶5。种蛋受精率达90%以上。

● **天府肉鸭** 天府肉鸭是由四川农业大学、四川省原种水禽场培育的肉鸭配套系，分为白羽系和麻羽系。

天府肉鸭白羽系父母代（左母右公）

（夏露　李亮　王继文引自《中国禽类遗传资源》）

麻羽系父母代（左母右公）

（夏露　李亮　王继文引自《中国禽类遗传资源》）

体型外貌

　　体型硕大丰满。头较大，颈粗、中等长，体躯呈长方形，背宽平，胸部丰满，尾短而上翘。白羽系父母代羽毛丰满而洁白，麻羽系父母代母鸭身披褐色麻雀羽，喙、胫、蹼呈橘黄色。

肉用性能

商品鸭4周龄体重1.6～1.8千克，5周龄体重2.2～2.4千克，7周龄体重3.0～3.2千克。

繁殖性能

种鸭一般180日龄开产，76周龄入舍母鸭年产蛋230～240枚。公母配种比例为1：5。种蛋受精率为90%以上。

● **番鸭** 番鸭，又名瘤头鸭，是引进鸭种，公鸭在繁殖季节能够散发出一种麝香气味，所以又称麝香鸭。

番鸭（公）

番鸭（母）

（夏露 李亮 王继文引自《中国家禽品种志》）

番鸭与家鸭杂交所得后代无繁殖能力，称为半番鸭，也叫骡鸭。

笼养的骡鸭

（夏露　李亮　王继文供图）

体型外貌

体躯长而宽，前后窄小，呈纺锤形，与地面水平。头顶上有一排纵向羽毛，遇到刺激时竖起呈冠状。眼周围和喙基部有皮瘤，羽毛分黑、白两种基本颜色，多为黑白花羽色。

肉用性能

成年公鸭体重3.0～3.5千克，母鸭体重1.8～2.1千克。

繁殖性能

母鸭6～7月龄开产，年产蛋80～120枚。公母配种比例为1：7，种蛋受精率为85%～95%。

其他性能

产肝性能良好，10～12周龄番鸭，经过填饲2～3周，平均产肝300～400克。

● **高邮鸭**　高邮鸭又称高邮麻鸭，是有名的肉蛋兼用型品种。该鸭善潜水、耐粗饲、适应性强、蛋大、蛋品质好，以双黄蛋多而久负盛名。

高邮鸭（左公右母）

（夏露　李亮　王继文引自《中国家禽品种志》）

体型外貌

　　公鸭体型较大，背阔肩宽，胸深躯长呈长方形；头颈上半段羽毛为深孔雀绿色，背、腰、胸为褐色芦花毛，尾部黑色，腹部白色；喙青绿色，趾蹼均为橘红色，爪黑色。母鸭全身羽毛褐色，有黑色细小斑点；主翼羽蓝黑色；喙豆黑色，胫、蹼灰褐色，爪黑色。

生产性能

　　成年公鸭体重3～4千克，母鸭2.5～3千克。母鸭108～140日龄开产，年产蛋169枚左右。

繁殖性能

　　公母配种比例为1：（25～33），种蛋受精率可达92%～94%。

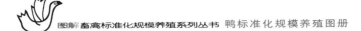

● **建昌鸭** 建昌鸭是麻鸭类型中肉用性能较好的品种，以生产肥肝而闻名，有大肝鸭的美称。

建昌鸭（左公右母）

（夏露 李亮 王继文引自《中国家禽品种志》）

体型外貌

体躯宽深，头大，颈粗。公鸭头和颈上部羽毛墨绿色而有光泽，颈下部有白色环状羽带。胸、背红褐色，腹部银灰色，尾羽黑色。母鸭羽色浅，麻羽居多。喙黄绿色，胫、蹼橘红色。

生产性能

成年公鸭体重2.4千克，母鸭2.0千克。母鸭平均开产日龄为150～180日龄，年产蛋140～150枚。

繁殖性能

公母配种比例为1：（7～9），种蛋受精率为90%左右。

其他性能

填肥2周，平均肝重为230克，最重达455克；填肥3周，平均肝重为324克，最重达545克。

3 第三章 鸭的营养与日粮配制

第一节 肉种鸭的饲料配合

肉种鸭的生长分为3个时期，分别是育雏期、育成期和产蛋期。由于这3个时期鸭的生长状况不同，生产目标也不同，因此，需要营养也不同，需要区别对待。以下以北京鸭为例，介绍肉种鸭各个时期的饲料配比情况。

不同生长期的肉种鸭

（夏露 李亮 王继文供图）

● **北京鸭种鸭育雏期饲料配方** 鸭出壳后0～3周为育雏期，此阶段的鸭必须供给全价配合饲料，还要在饲料中添加各种维生素，以保证营养的均衡。下图为北京鸭种鸭育雏期的营养需要。

北京鸭种鸭育雏期营养需要

营养需要指标	参考值	营养需要指标	参考值
代谢能（兆焦／千克）	12.13	锰（毫克／千克）	40
粗蛋白（%）	22	锌（毫克／千克）	60
精氨酸（%）	1.1	硒（毫克／千克）	0.14
赖氨酸（%）	1.1	维生素A（国际单位／千克）	4 000
蛋氨酸+胱氨酸（%）	0.8	维生素D（国际单位／千克）	220
氯化胆碱（%）	0.65	维生素K（毫克／千克）	0.4
钙（%）	0.4	核黄素（毫克／千克）	4
可利用磷（%）	0.15	泛酸（毫克／千克）	11
钠（%）	0.12	尼克酸（毫克／千克）	55
镁（毫克／千克）	500	吡哆醇（毫克／千克）	2.6

引自彭祥伟《新编鸭鹅饲料配方600例》。

北京鸭种鸭育雏期饲料配方实例，如下表。

北京鸭种鸭育雏期饲料配方实例

饲料原料	配方1（%）	配方2（%）	配方3（%）
玉 米	43	53.2	63
稻 谷	18.6	—	—
小 麦	—	13	—
大豆粕	33	29	18.8
芝麻饼	—	—	13
鱼 粉	2.7	2	3
碳酸氢钙	1	1	0.9
石 粉	0.4	0.5	—
食 盐	0.3	0.3	0.3
预混料	1	1	1

（夏露 李亮 王继文提供）

● **北京鸭种鸭育成期饲料配方** 北京鸭从50日龄至开产阶段为

育成期。育成期体重过大、过肥，将会对其产蛋性能产生严重的影响，因此，这一阶段应采用限制饲养，降低饲料的营养水平，减少豆饼、鱼粉的比例，逐步增加谷物、糠麸、饼粕的使用量。

北京鸭种鸭育成期营养需要

营养需要指标	参考值	营养需要指标	参考值
代谢能（兆焦／千克）	12.13	锰（毫克/千克）	40
粗蛋白（%）	16	锌（毫克/千克）	60
精氨酸（%）	1	硒（毫克/千克）	0.14
赖氨酸（%）	0.9	维生素A（国际单位/千克）	4 000
蛋氨酸+胱氨酸（%）	0.6	维生素D（国际单位/千克）	220
氯化胆碱（%）	0.6	维生素K（毫克/千克）	0.4
钙（%）	0.35	核黄素（毫克/千克）	4
可利用磷（%）	0.15	泛酸（毫克/千克）	11
钠（%）	0.12	尼克酸（毫克/千克）	55
镁（毫克/千克）	500	吡哆醇（毫克/千克）	2.6

引自彭祥伟《新编鸭鹅饲料配方600例》。

北京鸭种鸭育成期饲料配方实例

饲料原料	配方1（%）	配方2（%）	配方3（%）
玉　米	53	62.7	69.4
高　粱	10	—	—
小　麦	12	19	—
糙　米	10	—	9
大豆粕	8	4	5
芝麻饼	—	5.5	6.8
蚕蛹粉	—	6	7
鱼　粉	4.5	—	—
碳酸氢钙	0.5	0.6	0.6
石　粉	0.6	1	1
食　盐	0.4	0.2	0.2
预混料	1	1	1

（夏露　李亮　王继文提供）

● 北京鸭种鸭产蛋期饲料配方 北京鸭进入产蛋期后，必须提高日粮中的营养水平，充分满足产蛋的营养要求。适当添加色氨酸和维生素E，对提高种蛋受精率和孵化率都很重要。同时要增加矿物质饲料，满足母鸭对钙质的要求。

北京鸭种鸭产蛋期营养需要

营养需要指标	参考值	营养需要指标	参考值
代谢能（兆焦／千克）	12.13	锰（毫克/千克）	25
粗蛋白（%）	15	锌（毫克/千克）	60
精氨酸（%）	—	硒（毫克/千克）	0.14
赖氨酸（%）	0.7	维生素A（国际单位/千克）	4 000
蛋氨酸+胱氨酸（%）	0.55	维生素D（国际单位/千克）	500
氯化胆碱（%）	2.75	维生素K（毫克/千克）	0.4
钙（%）	0.35	核黄素（毫克/千克）	4
可利用磷（%）	0.15	泛酸（毫克/千克）	10
钠（%）	0.12	尼克酸（毫克/千克）	40
镁（毫克/千克）	500	吡哆醇（毫克/千克）	3

引自彭祥伟《新编鸭鹅饲料配方600例》。

北京鸭种鸭产蛋期饲料配方实例

饲料原料	配方1（%）	配方2（%）	配方3（%）
玉　米	54	60	68.5
高　粱	12	—	—
小　麦	—	16.9	—
糙　米	10	—	7
大豆粕	11.5	10	10
芝麻饼	—	—	3
蚕蛹粉	—	4	—
鱼　粉	4	—	3
骨　粉	1	1.5	1
石　粉	6.2	6.3	6.2
食　盐	0.3	0.3	0.3
预混料	1	1	1

（夏露　李亮　王继文提供）

● 日粮配制的注意事项

➤ 配制饲料时，不必完全按照书上的配方一成不变，可以充分利用当地的饲料资源，根据鸭的营养需求和生长情况做出最优化配比。

➤ 所用的饲料原料也应该多样化，这样可以发挥饲料之间营养物质的互补和平衡作用，提高日粮的营养价值和利用率。

➤ 各种饲料必须充分拌匀，特别是各种维生素、微量元素和药物等添加剂。同时要注意日粮的质量和适口性，忌用霉变或含有有害物质的原料配制日粮。每次配制的日粮不宜太多，以免发生霉变。

➤ 日粮一旦确定后，最好不要轻易改变。当鸭马上要进入下一个生长期，必须要更换饲料时，最好有1周的过渡期。

第二节　肉鸭的饲料配合

肉鸭具有生长迅速、饲料转化率高、产肉率高、生长周期短等优点。其饲养管理主要分为两个阶段，即育雏期和生长期。

肉用仔鸭的营养需要

营养成分	雏鸭（0～3周龄）	生长鸭（3周龄至屠宰）
代谢能（兆焦/千克）	12.35	12.25
粗蛋白质（%）	21～22	16.5～17.5
钙（%）	0.8～1	0.7～0.9
可利用磷（%）	0.4～0.6	0.4～0.6
盐（%）	0.35	0.35
赖氨酸（%）	1.1	0.83
蛋氨酸（%）	0.4	0.3
蛋氨酸+胱氨酸（%）	0.7	0.53
色氨酸（%）	0.24	0.18
精氨酸（%）	0.21	0.91
苏氨酸（%）	0.7	0.53
亮氨酸（%）	1.4	1.05
异亮氨酸（%）	0.7	0.53

引自彭祥伟《新编鸭鹅饲料配方600例》。

● 育雏期的饲料配合

北京鸭雏鸭料配方			
玉米	38%	鱼粉	7%
高粱	10%	贝壳粉	2.6%
麦麸	15%	骨粉	2%
豆饼	25%	食盐	0.4%

番鸭雏鸭料配方			
玉米	45%	鱼粉	8%
次粉	17%	贝壳粉	0.7%
麦麸	5%	骨粉	2%
豆饼	22%	食盐	0.3%

育雏期的饲料配合实例　　　　　　　　　（夏露　李亮　王继文供图）

肉鸭的育雏期为0～3周龄，此阶段仔鸭生长特别迅速，对营养的要求比较高，一般供给粗蛋白质含量20%～21%的小颗粒饲料，同时注意饲料营养成分的平衡，尤其是维生素饲料，并且要适当添加一些抗生素添加剂。

北京鸭生长料配方			
玉米	30%	鱼粉	4%
大麦	15.6%	贝壳粉	2%
麦麸	35%	骨粉	2%
豆饼	11%	食盐	0.4%

番鸭生长料配方			
玉米	55%	鱼粉	6%
次粉	13%	贝壳粉	0.5%
细糠	6%	骨粉	1.2%
豆饼	18%	食盐	0.3%

生长期的饲料配合实例　　　　　　　　　（夏露　李亮　王继文供图）

● 生长期的饲料配合

　　肉鸭22日龄后进入生长期。此阶段，鸭生长发育迅速，对外界环境的适应能力比育雏期强，死亡率低，采食量大。一般供给颗粒较粗、营养水平稍低的中鸭料（粗蛋白质含量为12%～14%）。

第四章 肉鸭饲养管理技术规范

第一节 肉种鸭饲养管理技术规范

不同品种的肉种鸭饲养管理技术不尽相同。这里介绍樱桃谷北京鸭肉种鸭饲养管理技术规范，供参考。

一、育雏期的饲养管理（0～4周龄）

● 温度、湿度和光照

➢ 温度　1～2日龄35℃，2天后每天降低1℃，至17℃恒定。

➢ 湿度　相对湿度为60%～70%。

➢ 光照　第1天采用23～24小时光照，光照强度为20勒克斯（每平方米面积4～5瓦），以后逐渐缩短光照时间，减弱光照强度，至14日龄完全使用自然光照。夜间宜采用弱光照明，鸭舍内应备有应急灯。

育雏期的温度、湿度和光照

● **饲养密度**　鸭群的饲养密度是 0 ～ 3 日龄 20 ～ 25 只/米^2，4 ～ 7日龄 10 ～ 15 只/米^2，8 ～ 21 日龄 5 只/米^2，28 日龄及以上 2 ～ 3 只/米^2。

育雏期的饲养密度

● **分群饲养**　育雏期公母鸭分开饲养，按 1 ： （4 ～ 5）的公母比例留种。

● **喂料与饮水**

➢ **喂料器具**　1 ～ 21 日龄，每 100 只鸭提供一个直径 40 厘米、高5 厘米喂料盘；第 4 周改为两边进食且带盖子的喂料箱。

➢ **喂料次数**　1 ～ 7 日龄，每天 6 次；8 ～ 14 日龄，每天 3 次；15 ～ 28 日龄，每天 2 次。每天每只鸭按规定量喂料。

育雏期的喂料与饮水

➢ **饮水** 保证有充足清洁的饮水，每50只雏鸭有一个2.5千克的自动饮水器。

● **称重** 在第21日龄和第28日龄喂料前分别在公母鸭舍内随机抽样10%称重，计算公母鸭的平均体重并与标准体重比较，以决定以后的饲喂量。

二、育成期的饲养管理（5～18周龄）

● **温度、湿度和光照** 如果室外温度在12℃以上，则不需人工加热，相对湿度控制在55%～60%，保持自然光照。

● **饲养密度** 育成期饲养密度为2～3只/米^2。

育成期的温度、湿度和光照   育成期饲养密度

● **分群饲养** 育成期公母鸭分开饲养，按1：（5～6）的公母比例留种。

● **喂料与饮水**

➢ **喂料**

（1）第5周龄每天喂料一次，喂料量根据鸭28日龄的体重决定。若体重偏轻，则每只种鸭的饲喂量增加4～6克；若体重偏重，则按28日龄的饲料量饲喂；若体重符合标准，则饲喂量增加1～2克。

（2）第5周龄至第18周龄每周最后1天饲喂前，公母鸭各抽样10%称重，计算平均体重，并与该品种生长曲线的标准体重比较。根据体重和增加的速度，调整饲料量。

（3）第8周龄，将育雏鸭料逐渐过渡为育成鸭料。

➤ 饮水　保证有充足清洁的饮水。

育成期喂料与饮水

三、产蛋前期的饲养管理（19～25周龄）

● 温度、湿度和光照　如果室外温度在0℃以上，则不需人工加热，相对湿度控制在55%～60%，光照逐渐延长到17小时恒定。

● 饲养密度和公母鸭比例　饲养密度为2只/米^2。按1∶5的公母比例混群饲养。

● 喂料与饮水

➤ 喂料时间每天7小时。

➤ 第20周龄开始将饲料由育成期饲料逐渐过渡到产蛋期饲料。

➤ 自由饮水，保证饮水设备清洁。

● 产蛋巢　在22周龄，以每3只母鸭1个产蛋巢的比例，沿鸭舍的周边设立产蛋巢(40厘米×30厘米×40厘米)，巢内铺垫料。

产 蛋 巢

四、产蛋期的饲养管理（26周龄至淘汰）

● 温度、湿度和光照　温度、湿度和光照同"产蛋前期的饲养管理"。光照强度10勒克斯(每平方米面积2～3瓦)。

● 饲养密度和公母鸭比例　同"产蛋前期的饲养管理"。

产蛋前期和产蛋期饲养密度（2只／米^2）

● **种蛋的收集**　每天早晨及时捡蛋3次，将鸭蛋小头朝下码放于蛋盘上，置于蛋盘架上，并记录鸭舍、产蛋数、蛋重等。放入储蛋室。

及时收集种蛋

五、免疫

根据养鸭地区的实际情况，制定合理的免疫程序。具体可参考第六章提供的免疫程序。

六、消毒

● **消毒剂**　选用国家主管部门批准使用的消毒剂进行消毒。

● **环境消毒**　生产区和鸭舍门口设有消毒池，消毒液应保持合理浓度。车辆进入鸭场应通过消毒池，并用消毒液对车身进行喷洒消毒。鸭舍周围环境每2周消毒1次。场内污水池、储粪场、下水道出口每月消毒1次。

● **人员消毒**　工作人员进入生产区要更换工作服，紫外线消毒或喷雾消毒，脚踏消毒池。严格控制外来人员进入生产区。外来人员应严格遵守场内防疫制度，更换一次性防疫服和工作鞋，并经紫外线消毒和脚踏消毒池。按指定路线行走。

更换工作服，脚踏消毒池

● **鸭舍消毒** 鸭舍在进鸭前进行彻底清栏、冲洗，通风干燥后，用0.1%新洁尔灭或0.3%过氧乙酸等消毒剂进行全面喷洒消毒。

● **用具消毒** 定期对料槽、饮水器、蛋盘、蛋箱、推车等用具进行消毒。消毒前将用具清洗干净，然后进行消毒。

● **带鸭消毒** 种鸭场应定期用刺激性较小的消毒剂进行带鸭消毒。常用于带鸭消毒的消毒剂有0.2%过氧乙酸、0.1%新洁尔灭、0.1%次氯酸钠等。场内无疫情时，每隔2周带鸭消毒1次。有疫情时，每隔1～2天消毒1次。

人员喷雾消毒

第二节　肉鸭饲养管理技术规范

不同品种的肉鸭饲养管理技术不尽相同。这里介绍樱桃谷北京鸭肉鸭饲养管理技术规范，供参考。

一、雏鸭的饲养管理（0～2周龄）

● **育雏条件**　育雏舍要在进鸭前1周进行彻底的清理、除尘、冲刷、消毒、熏蒸。

网床通常用2%～3%氢氧化钠溶液喷洒2～3次消毒。

育雏舍用熏蒸法进行消毒（按福尔马林14～42毫升/米^2，高锰酸钾7～21克/米^2，混合熏蒸，先把高锰酸钾倒入容器中，再倒入水和福尔马林，密闭24小时后敞开，经过48小时通风）。

应在进鸭前1周准备好

育雏舍育雏条件的准备

饮水器用双链季铵盐300倍溶液清洗消毒，再用清水冲洗干净。

在人员入口处，还需提供洗鞋池、沐浴和换衣设施等，保证鸭舍的干净卫生。

育雏舍进鸭前饮水器、塑料盘等用具的清洗和消毒

● **饮水与开食** 原则：早饮水，早开食；先饮水，后开食。

一般雏鸭饮水的理想水温为20～25℃，5天后可以将饮水器改为长流水式水槽或乳头式饮水器。

商品肉鸭是完全自由饮水和采食，任何时候都不能断水、断料。

掌握好饮水与开食的关键点

● **温度和湿度**　育雏鸭舍最适宜的温度为25 ～ 30℃，温度计距鸭群1米左右，均匀分布。7日龄以内湿度需要维持在60%～ 70%，随着雏鸭的生长，到14日龄湿度降低到50%～ 55%。以后保持相同湿度就可以了。如果鸭舍内湿度过高容易引起雏鸭通过呼吸道感染发病。必须注意通风换气。

温度和湿度对雏鸭的健康成长至关重要

育雏鸭舍温度和湿度的控制

● **密度**　鸭群的饲养密度是0 ～ 3日龄20 ～ 25只/米^2，4 ～ 7日龄10 ～ 15只/米^2，8 ～ 13日龄7 ～ 10只/米^2。

育雏期合理的饲养密度是保证雏鸭健康和获得良好经济效益的关键

4 ～ 7日龄雏鸭的饲养密度

● 光照　鸭舍一般采用23小时光照，光照强度要达到5瓦/米^2。1小时黑暗，可防止因突然停电造成不必要的鸭群惊慌。

二、中成鸭的饲养管理（15～46日龄或屠宰前）

● 过渡期的饲养　在商品肉鸭饲养期内要处理好转群和换料两个时期。

转群就是将12日龄雏鸭转到中成鸭舍，环境的改变是造成商品鸭应激的一个因素。

无鸭粪淤积，无污染的网床，干燥的环境，新鲜的空气是中成鸭所必需的。为了保证中成鸭能茁壮生长，我们还需要用2%～4%氢氧化钠溶液，进行2次带鸭消毒。要经常通风换气、净化环境，以增强中成鸭的抵抗力。同时要求，氨气浓度小于或等于0.001%，二氧化碳浓度小于或等于0.5%，以无刺眼和刺鼻气味为标准来判断，这样才能保证中成鸭健康生长。

换料需要有过渡期，通常雏鸭生长到第14～18天换料。换料期间，不能采用一步到位的方法，应该逐渐过渡，3天换完。大鸭料与小鸭料的比例是：第1天为1：2，第2天为1：1，第3天为2：1。

进鸭前应该完成清洗、消毒等准备工作

中成鸭鸭舍

● 饮水和喂料　商品肉鸭喜水好干燥，饮水要清洁充足，理想水温为25℃左右。如果水温过高或过低，都会降低鸭的饮水量，鸭每天水的需求量是采食量的4倍。

　　饲料的饲喂方法对鸭群的生长和成本的控制起着很关键的作用，每100只中成鸭合用一个2米长的双边料槽，可避免浪费饲料，节约成本。

保证合格、充足的饮水和饲料供应

左图：饮水槽。右图：料槽

● **温度和通风**　商品肉鸭要求环境最适温度为20～25℃。在理想的温度范围内，可有效地节约饲料。如果温度超过30℃，肉鸭的采食量降低，影响质量；低于10℃，用于维持的饲料消耗增加。因此，要尽可能地创造有利的温度条件。

如果通风不畅，会造成鸭舍内氨气、二氧化碳含量超标，直接影响鸭群的生长速度并且导致疾病的发生。

处理好温度和通风的关系

房舍侧面塑料薄膜可放下保温

● **光照**　鸭视力较差，必须保证每天23小时的光照，光照强度为5瓦/米²，才能满足商品鸭自由采食、饮水的要求。有1小时黑暗，是为了让鸭群适应突然停电，以免造成应激。灯泡之间的距离应该是灯泡与地面之间距离的1.5倍，这样光照强度才会比较均匀。

● **饲养面积** 每只鸭的饲养面积显著影响其生长水平。理想的饲养密度是：14 ~ 18日龄5 ~ 7只/米^2，19 ~ 28日龄2.7 ~ 5只/米^2，29日龄以上3 ~ 4只/米^2。

适宜饲养密度

● **适时下水** 有水上运动场的鸭场，一般采用15日龄左右开始下水，夏季可提前，冬季宜推后。由于雏鸭的尾脂腺尚不发达，羽绒防湿性能较差，初期下水时间不宜长，否则羽绒湿透，极易受凉患病，严重时可导致死亡。

第一节 种蛋的管理

一、及时收集种蛋

初产母鸭的产蛋时间集中在1～6时，随着产蛋日龄的延长，产蛋时间往后推迟，产蛋后期的母鸭多数在10时以前基本完成产蛋。蛋产出后及时收集，既可减少种蛋的破损，也可减少种蛋受污染的程度，这是保持较好的种蛋品质、提高种蛋合格率和孵化率的重要措施。

当气温低于0℃时，如果种蛋不及时收集，时间过长种蛋受冻；气温炎热时，种蛋易受热。环境温度过高、过低，都会影响胚胎的正常生长发育。

二、种蛋的选择

种蛋的品质对孵化率和雏鸭的质量均有很大的影响，也是孵化场（厂）经营成败的关键之一，而且对雏鸭及成鸭的成活率也有较大的影响。种蛋的品质好，胚胎的生活力强，供给胚胎发育的各种营养物质丰富。因此，必须根据种蛋的要求，进行严格的选择。

选择蛋形正常、大小适中、表面清洁、蛋壳光滑、无裂纹破损、无特殊气味的种蛋

三、收集种蛋后的消毒（第一次）

蛋产出后蛋壳表面很快黏附病原微生物，收集种蛋后应立即进行消毒处理。

● 福尔马林熏蒸消毒法　这种方法需用一个密封良好的消毒室，每立方米的空间用30毫升40%甲醛溶液、15克高锰酸钾，熏蒸20～30分钟。熏蒸时关闭门窗，室内温度保持在25～27℃，相对湿度为75%～80%，消毒效果较好。如果温度、湿度低，则消毒效果差。熏蒸后迅速打开门窗、通风孔，将气体排出。

● 新洁尔灭消毒法　将种蛋排列在蛋架上，用喷雾器将0.1%新洁尔灭溶液喷雾在蛋的表面。消毒液的配制方法：取浓度为5%的原液一份，加50倍水，混合均匀即可配制成0.1%新洁尔灭溶液。注意在使用新洁尔灭溶液消毒时，切勿与肥皂、碘、高锰酸钾和碱并用，以免药液失效。

● 氯消毒法　将种蛋浸入含有活性氯1.5%的漂白粉溶液中3分钟，取出尽快晾干后装盘。

以上消毒法中以福尔马林熏蒸消毒法应用最多，效果最为确实。

四、种蛋的保存

如果保存条件较差，保存方法不当，对孵化效果均有不良影响。尤其在冬、夏两季更为突出。

● 种蛋贮存室的要求　贮存室为无窗式的密闭房间，隔热性能良好，配备恒温控制冷暖设备和湿度自动控制器。

● 适宜的温度和湿度　种蛋保存的理想温度为10～15℃。保存在7天以内，控制在15℃较适宜；7天以上以11℃为宜。相对湿度控制在70%～80%为宜，具体以蛋壳表面无水珠形成，保持空气循环。

● 适宜的保存时间　保存时间越短，孵化率越高，以不超过4天为宜，最好不超过7天。

贮存室应该具备自控温度和湿度功能

经熏蒸消毒的种蛋进入贮存室暂时贮存

五、种蛋的包装和运输

● 种蛋的包装　包装种蛋最好的用具是专用的种蛋箱(长60厘米×宽30厘米×高40厘米，250枚)或塑料蛋托盘。种蛋箱和蛋托盘必须结实，能承受一定压力，并且要留有通气孔。装箱时必须装满，同时使用一些填充物防震。

● 种蛋的运输　在种蛋的运输过程中，应注意避免日晒雨淋，影响种蛋的品质。因此，在夏季运输时，要有遮阳和防雨设备；冬季运输应注意保温，以防受冻。运输要求快速平稳，安全运送。装卸时轻装轻放，严防强烈震动。种蛋运到后，应立即开箱检查，剔除破损蛋，进行消毒，尽快入孵。

第二节　种蛋孵化及出雏

一、孵化前的准备

在入孵前1周，对孵化室、孵化器及用具应彻底清洗消毒。对孵化器进行全面检查，进行孵化器的试机运转，校对、检查各控制元件的性能，对温、湿度计进行校对，待试机24小时一切正常后，方可入孵。

二、种蛋的入孵前消毒（第二次）

贮存室的种蛋入孵化箱前还应该经过消毒液洗蛋消毒→晾干→熏蒸消毒的技术程序，保证消毒效果。

种蛋运出贮存室后，逐个排列在孵化蛋架上

将种蛋推入洗蛋机进行清洗和消毒

清洗和消毒后的种蛋进入洁净房间晾干

晾干种蛋进入熏蒸消毒室进行第二次消毒

三、种蛋的入孵

一般，入孵种蛋的大端向上排列，同时在种蛋上应标注种类、上蛋日期或批次等，以便于孵化的操作管理。入孵时间最好安排在16时以后，这样大批出壳时间正好在白天，便于工作的安排。

四、温度

温度是最重要的孵化条件。适宜的孵化温度可保证鸭蛋中各种酶的正常活动，从而保证胚胎正常的物质代谢，使胚胎正常生长发育。

鸭胚胎适宜的温度范围为 37 ～ 38℃。温度过高、过低都会影响胚胎的正常发育，严重时会造成胚胎的死亡。温度偏高时，胚胎发育加快，孵化期缩短，42℃超过 2 ～ 3 小时就会造成胚胎的死亡。相反，温度偏低时，胚胎发育迟缓，孵化期延长。因此，在孵化过程中，可根据孵化场的具体情况和季节、品种及孵化机的性能，制定出合理的施温方案。

鸭蛋脂肪含量高。孵化 13 天后，代谢热上升较快，如不改变孵化机的温度，会造成孵化机内局部超温而引起胚蛋的死亡。

孵化的第 1 天温度为 39 ～ 39.5℃，第 2 天为 38.5 ～ 39℃，第 3 天为 38 ～ 38.5℃，第 4 ～ 20 天为 37.8℃，第 21 ～ 25 天为 37.5 ～ 37.6℃，第 26 ～ 28 天为 37.2 ～ 37.3℃。但第 21 天以后多数转入摊床孵化。变温孵化时，应尽量减少孵化机内的温差，温度的调整应做到快速准确，特别是孵化的头三天。

五、湿度

湿度变化总的原则是"两头高，中间低"。孵化初期，胚胎产生羊水和尿囊液，并从空气中吸收一些水蒸气，相对湿度应控制在 70% 左右。孵化中期，胚胎要排出羊水和尿囊液，相对湿度控制在 60% 为宜。孵化后期，为保证适当的水分与空气中的二氧化碳作用产生碳酸，使蛋壳中的碳酸钙转变为碳酸氢钙而变脆，有利于胚胎破壳而出，并防止雏鸭绒毛黏壳，相对湿度控制在 65% ～ 70% 为宜。在鸭蛋孵化后期，如果湿度不够，可直接在蛋壳表面喷洒温水，以增加湿度。

六、通气

一般孵化机内风扇的转速为150 ～ 250转/分，每小时通风量以1.8 ～ 2米³为宜。同时，还应根据孵化季节、种蛋胚龄大小，调节进出气孔，以保持孵化机内空气新鲜，温度、湿度适宜。

七、翻蛋

在孵化过程中进行翻蛋，特别是孵化的前、中期，具有十分重要的意义。翻蛋可促进胚胎运动，保持胎位正常，同时也能扩大卵黄囊血管与蛋黄、蛋白的接触面积，有利于胚胎营养物质的吸收。翻蛋可改变蛋的相对位置，使机内不同部位的胚蛋受热与通风更加均匀，有利于胚胎的生长发育。

精确调控温度、湿度和通气

八、凉蛋

　　胚胎发育到中期以后，由于脂肪代谢能力增强而产生大量的生理热。因此，定时凉蛋有助于胚胎的散热，促进气体代谢，提高血液循环系统的机能，增加胚胎体温调节的能力，有利于提高孵化率和雏鸭质量。这点对大型肉鸭种蛋的孵化更为重要。因此，种蛋在孵化14天以后就应开始凉蛋，每天凉蛋2次，每次凉蛋20～30分钟（最长不能超过40分钟）。一般用眼皮试温，感觉既不发烫又不发凉，即可放到孵化机内。夏天外界的气温较高，只采用通风凉蛋不能解决问题，可将25～30℃的水喷洒在蛋面上，表面见有露珠即可，以达到降温目的，如果喷一次水不能解决问题，可喷2次，以缩短凉蛋的时间。凉蛋时间不能太长，否则易使胚蛋长期处于低温，影响胚胎的生长发育，必须根据具体情况，灵活掌握。

用喷雾器喷洒水凉蛋

九、照蛋

在孵化过程中，一般进行3次照检。

在孵化的第6～7天照检时，如有70%以上的胚蛋符合胚胎发育的标准，散黄蛋、死胚蛋的数量占受精蛋总数的3%～5%，说明胚胎发育正常，温度掌握适宜；如果70%的胚胎发育太快，胚胎死亡的比例超过7%，说明孵化温度偏高，可适当降低温度；如果有70%的胚胎发育达不到要求，说明孵化温度偏低。另外，除检查孵化温度是否正常外，还应检查种蛋的保存时间、保存方法及种鸭的饲养管理等方面的原因。

在第13～14天进行第二次照检，如果绝大部分胚蛋的尿囊血管在小头合拢，死胚蛋的比例不超过2%，说明胚胎发育正常，孵化温度适宜；如果70%左右的胚胎尿囊膜在小头还没有合拢，说明孵化温度偏低，并可从尿囊膜发育的程度推测温度偏低的程度；如果尿囊膜早已合拢，死胚数较多时，说明孵化温度偏高，应及时进行调整。

第三次照蛋时，70%以上的胚蛋除气室而外，胚胎占据蛋的全部空间，漆黑一团，可见气室边缘弯曲，尿囊血管逐渐萎缩，甚至可见胚胎黑影闪动，说明胚胎发育正常，死胚一般在2%以下。如果死胚数超过7%，并已大批开始啄壳，说明孵化温度过高；如果气室较小，边缘平整，无胚胎"黑影"闪动，说明温度偏低。如果孵化温度正常，死胚率较高，则应分析其他因素。

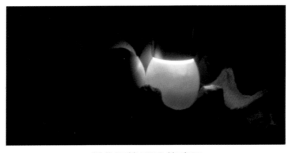

孵化至第10天的鸭胚

十、移盘（或转盘）

在鸭蛋孵化的第25天进行最后一次照检，将死胚蛋剔除后，把发育正常的胚蛋转入出雏器中继续孵化，叫移盘或转盘。移盘时如发现胚胎发育普遍较迟，应推迟移盘的时间。移盘后应注意提高出雏器内的相对湿度和增大通风量。机摊结合孵化时，一般在第21天照检后转入摊床，利用胚蛋的自温进行孵化，直到出雏。

把发育正常的胚蛋转入出雏器中继续孵化

十一、出雏

胚蛋孵化条件正常时，一般孵化到第27.5天开始破壳出雏，进入第28天大量出雏。出雏期间不应经常打开机门，以免降低出雏机内的温度和湿度。一般3～4小时检雏一次，出壳的雏鸭绒毛干后应及时取出，并将空蛋壳拣出有利于其他胚蛋继续出雏。出雏期间应关闭机内照明灯，以免引起雏鸭的骚动。在出雏末期，对已啄壳但无力破壳的可进行人工破壳助产，但要在尿囊枯萎的情况下进行，否则容易引起大量出血，造成死亡。

出壳完毕后，应及时清洗、消毒出雏器、水盘、出雏盘等用具。

出雏期间一般3～4小时检雏一次，及时拣出出雏后蛋壳

及时无害化处理出雏后的蛋壳

十二、初生雏鸭的分级分群

初生雏鸭孵出后应及时进行分群，将健雏和弱雏分开，进行单独培育，以提高成活率，使雏鸭生长发育均匀，并减少疾病的发生。健雏表现出精神活泼，体重适宜，绒毛匀整有光泽，脐部收缩良好，站立稳健，握在手中挣扎有力。弱雏则显得精神不振，个体小，两脚站立不稳，腹大，脐部愈合不良，还表现出有拐腿、瞎眼、弯喙等不良症状。

初生雏鸭的分级分群

十三、初生雏鸭的性别鉴别

雏鸭的雌雄鉴别在养鸭生产上具有重要的意义，特别是父母代种鸭、商品蛋鸭的生产。雌雄分开可将多余的公鸭及时淘汰，当作商品鸭处理，节约饲料、房舍、运输等费用，降低生产成本。

● 翻肛法　用左手握住雏鸭，将雏鸭颈部夹在中指和无名指之间，两脚夹在无名指和小指之间，轻轻用手握牢，然后用左手拇指压住脐部，稍稍用力排出胎粪后，再用右手拇指和食指拨开肛门，使其外翻，如见有半粒米长螺旋状的阴茎露出，则表明是公雏鸭，否则为母雏鸭。

● 捏肛法　以左手拇指和食指在雏鸭颈前分开，握住雏鸭；右手拇指和食指轻轻将肛门两侧捏住，上下或前后稍一揉搓，感到一个似芝麻粒或油菜子大的突起，尖端可以滑动，根部相对固定，即为公雏鸭的阴茎，否则为母雏鸭。

● 顶肛法　左手握住雏鸭，以右手食指与无名指夹住雏鸭体两侧，中指在其肛门外轻轻往上一顶，如感觉有小突起，即为公雏鸭。顶肛法比捏肛法难以掌握，但熟练以后速度比捏肛法更快。

● 鸣管法　在颈的基部两锁骨内，气管分叉处有球状软骨，称为鸣管，是鸭的发声器官。公鸭的鸣管较大，直径有 3～4 毫米，横圆柱形，稍偏于左侧。母雏鸭的鸣管较小，仅在气管的分叉处。触摸时，左手大拇指和食指抬起鸭头部，右手从腹部握住雏鸭，食指触摸颈的基部，如有直径 3～4 毫米大的小突起，则为公雏鸭。

6 第六章　鸭场环境卫生与防疫

第一节　环境卫生

要保证养鸭生产的正常进行，应该提供良好的环境卫生条件。良好的环境卫生有利于保证鸭生产性能的发挥，减少疾病的发生。

清洁、整齐、卫生的场内环境是鸭场管理的基本要求

及时清除网床上的粪便，保持网床洁净

及时清除网床下粪便及其周围杂物，保持环境洁净

及时清除运动场粪便及其周围垃圾，保持运动场环境洁净

舍内勤加垫料，保持干燥状态

乳头式饮水方式，有利于保持环境卫生，保证饮水卫生，减少污水排放量

鸭场排水沟的设置应该保证污水不会造成对鸭场的二次污染

（向华莉赠图）

及时清除散落在料槽外发霉变质的饲料

第二节　鸭场的消毒和防疫

鸭场的消毒和防疫是防控鸭病的有效措施，鸭场应重视定期消毒和防疫。

一、消毒

搞好卫生和定期消毒工作，可增强鸭的非特异性抵抗力，减少疫病传播。

● **鸭场疫病来源**

➢ 由新引进的鸭带进场内，如从病鸭场引进鸭雏、幼鸭或开产小母鸭等。

➢ 污染的鸭舍，如过去曾饲养过病鸭而未经彻底消毒的鸭舍。

➢ 日常工作中消毒不够和执行安全措施不严，以致将疫病经饲料、用具、人员往来和其他动物而传至场内。

● **鸭舍的彻底清洗和消毒步骤**　应在新鸭到达之前，完成鸭舍的清洗和消毒。每一栋鸭舍应在消毒之后，最少空闲2周。鸭舍消毒效果好坏，决定于用杀菌药物消毒前的彻底清洗程度，而不是决定于所用的消毒药。彻底清洗是最基本的方法，因为它可以减少病原体的总数，去掉隐藏病原体的污物，将病原体暴露于日光、空气、消毒药剂之下。

➢ 将鸭移走　移走鸭舍内的全部鸭，清除散失在鸭舍内外的全部鸭。

➢ 清除存留的饲料　未食用完的饲料不应挪至另外的鸭舍。木槽、料槽和料桶应彻底清洗，一定要将附着于料箱底部和四壁上的饲料洗掉，因可能有病原体存在或附着于其上，成为疫病的传染源。

➢ 设备要移出并经清洗和日光照射　脏污的设备会带有病原，所以可移动的设备都要移至舍外，放在日光之下，并经消毒后再搬回鸭舍。未消毒的设备搬回鸭舍之后，则会破坏鸭舍的消毒效果，鸭舍可能重新被污染。

➢ 初步清洗鸭舍　用水冲洗鸭舍天花板、四周墙壁、窗户，去掉其上附着的灰尘，飞溅下来的水等脏物，最后一起被移走。

➢ 移走所有的垫料，转移到远离鸭舍的地方做无害化处理。

➢ 清理鸭舍外部散落的垫料，饲料间和鸭舍外的垃圾等。

➢ 修理鸭舍和设备等需要修理的部分。

➢ 彻底洗刷鸭舍墙壁和设备，必要时可在水中加洗涤剂，使用洗涤剂水浸润2小时，然后用清水洗刷，高压喷水枪冲洗。设备需要擦拭的部分要擦拭。

➢ 应用杀菌剂消毒　将消毒剂溶解于水内，在鸭舍冲洗后不潮湿时进行消毒。很多消毒药都是可用的，某些消毒药可能在鸭舍内残留，因此，在消毒之后，再用水轻微清洗一下。

➢ 应用杀虫剂在地与墙的夹缝和柱子的底部涂抹，以保证能杀死进入鸭舍的昆虫。

➤ 放进新的垫料。

➤ 消毒过的设备重新放入鸭舍。

➤ 关闭鸭舍，空闲2～4周，让残余的病原体死亡。

➤ 作好进鸭的准备工作。准备料槽、水槽和育雏器等。雏鸭在进舍前24～48小时，要求鸭舍温度达到需要的最佳温度。

➤ 鸭舍周围注意采取控制昆虫和鼠类动物的措施。

制定和执行有效的消毒防疫制度

● **外来或工作车辆进入鸭（孵化）场消毒**

喷雾消毒

入口消毒池是进入鸭场的第一道防线，平时应该加强对进出车辆的消毒

车辆进入鸭（孵化）场消毒

左图：小型车辆常用人工手动高压喷雾消毒。右图：大型货车进入鸭场可用自动高压喷雾消毒。①消毒池可对车轮进行消毒；②喷雾管可对车体两侧进行有效消毒

优点在于消毒池内的消毒液不易受雨水、太阳的影响，还可对车顶进行喷雾

车辆进入鸭（孵化）场消毒

● 外来或工作人员进入鸭（孵化）场消毒

人员进入鸭（孵化）场消毒室

穿工作服和鞋

　　①消毒室外门；②消毒室值班室；③消毒室入口

入场人员喷雾消毒

入场人员紫外线消毒

①紫外灯；②回形钢结构走廊，以保证入场人员接受足够的消毒时间

各生产单元门前设置一个消毒盆，供进入人员消毒鞋底用

入舍人员消毒盆

● 鸭（孵化）场环节消毒

在雏鸭进场前育雏室必须完成所有的清洗、消毒、设备安装工作，并空置2周以上

全进全出育肥鸭舍，清扫干净后彻底消毒，并空置2周以上

在种鸭进场前必须完成所有的清洗、消毒、设备安装工作，并空置2周以上

采用生石灰水对鸭舍清洗后的网床、地面等进行粉刷，消毒效果良好

南方潮湿地区，添加垫料前先撒上一层薄薄的生石灰粉，消毒效果良好

生石灰带鸭消毒

二、检疫

检疫就是应用临床诊断、流行病学诊断、病理学诊断、微生物学诊断、免疫学诊断等方法，对运输鸭及其产品的车船、飞机、包装、铺垫材料、饲养工具、饲料等进行检查，并采取相应的措施，防止疫病的发生和传播。

对鸭苗流通的各个环节实行严格检疫，有效防止疫病传入

三、预防接种

定期预防接种可以提高鸭的特异性抵抗力，是预防和消灭传染病的重要措施。对防治某些传染病，如鸭瘟、鸭传染性浆膜炎、鸭病毒性肝炎等，仍然是一种关键性的技术措施。利用疫苗控制鸭病，应该树立如下观念。

● 因地制宜制定合理免疫程序　鸭群往往需要用多种疫苗来预防不同的疫病，根据各种疫苗的免疫特性来制定预防接种的次数和时间，就形成了免疫程序。

● 疫苗的保存条件可影响疫苗的效果　疫苗是一种生物制品，运送疫苗应有冷

因地制宜制定合理免疫程序

藏箱，保存疫苗应有冰箱，应该建立和健全冷藏疫苗的系统。

● 接种鸭群必须健康　否则疫苗无法发挥良好的免疫效果，严重时甚至引起疫病暴发。

● 免疫程序　各地养鸭环境、疫病流行情况差异较大，免疫程序的制定应该因地制宜，以下基础免疫程序仅供参考。

➤ 种鸭基础免疫程序

（1）第一阶段

1～7日龄：颈背侧皮下注射鸭病毒性肝炎弱毒疫苗（有母源抗体的雏鸭，最佳免疫日龄为1日龄）。

1～7日龄：颈背侧皮下注射鸭传染性浆膜炎灭活疫苗（根据情况，可与鸭病毒性肝炎弱毒疫苗同时间但分不同部位注射，也可错开3～5天分别注射）。

2周龄：注射禽流感灭活疫苗。

4周龄：注射鸭瘟活疫苗。

（2）第二阶段（若非大型肉鸭的种鸭，本阶段的首次免疫时间安排在种鸭开产前1～2周进行）

21周龄：颈背侧皮下注射鸭病毒性肝炎弱毒疫苗。

21周龄：注射鸭瘟活疫苗（根据情况，可与鸭病毒性肝炎弱毒疫苗同时间但分不同部位注射，也可错开3～5天分别注射）。

22周龄：注射禽流感灭活疫苗。

23周龄：注射鸭巴氏杆菌A苗2毫升（间隔1周各注射1毫升，效果更好）。

27周龄：颈背侧皮下注射鸭传染性浆膜炎灭活疫苗。

（3）第三阶段（若非大型肉鸭的种鸭，本阶段的首次免疫时间安排在第二阶段种鸭免疫后20周进行）

47周龄：颈背侧皮下注射鸭病毒性肝炎弱毒疫苗。

48周龄：颈背侧皮下注射鸭传染性浆膜炎灭活疫苗。

49周龄：注射禽流感灭活疫苗。

52周龄：注射鸭巴氏杆菌A苗2毫升（间隔1周各注射1毫升，效果更好）。

➤ 商品肉鸭基础免疫程序

（1）鸭传染性浆膜炎灭活疫苗

①如果上一代种鸭按照正规程序进行了免疫，则下一代雏鸭7日龄进行免疫即可。

②如果上一代种鸭未按照正规程序进行免疫，则下一代雏鸭1日龄进行免疫，流行严重地区4周龄进行加强免疫。

（2）鸭病毒性肝炎弱毒疫苗

①如果上一代种鸭没有进行过免疫，则商品肉鸭可于1～7日龄进行免疫。

②如果上一代种鸭进行过免疫，则商品肉鸭可不进行免疫，但鸭病毒性肝炎流行较为严重地区需1日龄进行免疫。

（3）鸭瘟活疫苗　无鸭瘟流行地区可不免疫。鸭瘟流行地区或季节可于2周龄左右免疫，流行较为严重地区或季节于首免后加强免疫。

（4）禽流感灭活疫苗　无禽流感流行地区可不免疫。禽流感流行地区或季节可于2周龄左右免疫，流行较为严重地区或季节于首免后加强免疫。

（5）鸭巴氏杆菌A苗　无鸭巴氏杆菌病流行地区可不免疫。鸭巴氏杆菌病流行地区或季节可于2周龄左右免疫，流行较为严重地区或季节于首免后加强免疫。

7 第七章 鸭常见疫病防治

随着我国养鸭业的快速发展，鸭病成为养鸭业发展的一大障碍，必须做好鸭病的防治工作。

第一节 鸭病毒性传染病

一、鸭瘟

鸭瘟是由鸭瘟病毒引起的鸭等水禽的急性、热性、败血性传染病，俗称"大头瘟"。

● 临床诊断

体温43℃以上，两脚麻痹，走动困难，精神委顿，食欲完全废绝，下痢呈灰白夹带草绿色

头颈肿胀

流泪，眼周围羽毛沾湿，有的分泌物将眼睑粘连，眼结膜充血、出血

● 病理学诊断

气管充血、出血

颈部皮下胶冻样浸润

食道黏膜纵行排列的黄绿色疹性坏死灶（假膜）

食道与腺胃交界处的出血带

肠道严重出血

1月龄内雏鸭常见小肠浆膜面有4条指环状出血带

泄殖腔黏膜充血、出血、坏死，周围羽毛沾满黄绿色稀粪

胸腺肿胀明显，可见出血斑和出血点

肝脏出血并伴有灰白色坏死灶，心外膜（特别是心冠）有出血点

● 免疫防治

➤ 鸭瘟弱毒疫苗

(1) 流行严重地区首免为1日龄，20日龄二免，5月龄三免。

(2) 流行不严重地区首免为20日龄，5月龄二免。

➤ 肌内注射抗鸭瘟高免血清 病鸭发病初期每只注射0.5毫升。

二、鸭病毒性肝炎

鸭病毒性肝炎(DVH)是由鸭肝炎病毒(DHV)引起雏鸭的一种急性高度致死性的传染病，主要发生于3周龄雏鸭，1周龄内雏鸭死亡率最高。

● 临床诊断

雏鸭死亡

发病后期呈昏睡状，以头触地

病死雏鸭头向背部扭曲，呈角弓反张

肝脏肿大，有大量出血斑（点）

● 免疫防治

➤ 预防　鸭病毒性肝炎弱毒疫苗（CH60株）1日龄雏鸭皮下注射或口服。种鸭在产蛋前1～2周免疫1～2次，可为下一代雏鸭提供有效免疫保护，免疫期为6个月。

➤ 治疗　鸭病毒性肝炎卵黄抗体（用法及剂量参照说明书）。

三、鸭病毒性肿头出血症

鸭病毒性肿头出血症是由鸭病毒性肿头出血症病毒引起鸭的急性败血性传染病。

● 临床诊断

病鸭体温43℃以上，精神委顿，不愿活动，被毛凌乱、无光泽并沾满污物，不食却大量饮水

腹泻，排出草绿色稀便

病鸭头部明显肿胀，眼、鼻腔流浆液性或血性分泌物

病鸭眼睑充血、出血并严重肿胀，流出浆液性或血性分泌物

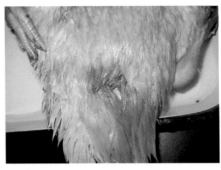

病鸭泄殖腔周围羽毛打湿，沾满带血污物

● 病理学诊断

全身皮肤广泛出血

肺 出 血

颈部皮下充满淡黄色透明胶冻样渗出液

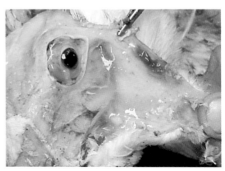

头部皮下充满淡黄色透明浆液性渗出液

呼吸道充血、出血

肠道浆膜面充血、出血

肝脏肿大、质脆、土黄色，并伴有出血斑点

心脏外膜和心冠有少量出血斑点

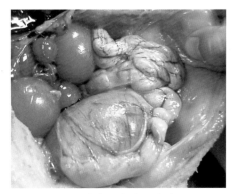

产蛋鸭卵巢充血、出血

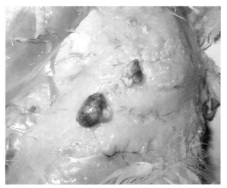

胸腺肿大、出血

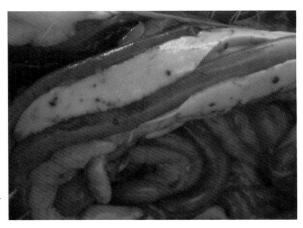

胰腺出血

● 免疫防治

尚无有效治疗药物和批准文号疫苗。但自家灭活疫苗有良好的预防效果。

四、鸭流感

鸭流感是由A型流感病毒引发各品种鸭的呼吸道感染，感染H5N1亚型高致病毒株往往可致临床上出现咳嗽等呼吸道症状、神经症状、食欲废绝、拉绿色稀粪、多实质器官出血和病变，发病和死亡严重。

● 临床诊断

咳　嗽
（朱德康提供）

神经症状
（朱德康提供）

大量黏性分泌物糊住眼、鼻

（朱德康提供）

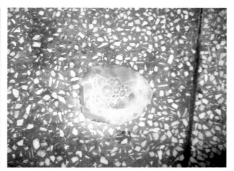

食欲废绝和拉绿色稀粪

（朱德康提供）

鸭蹼严重出血

（朱德康提供）

产蛋鸭群不采食，拉绿色稀粪
（朱德康提供）

病鸭濒死前颈软无力，伏地不起
（朱德康提供）

● 病理学诊断

心肌刷状坏死
（朱德康提供）

肝脏出血，心肌刷状坏死
（朱德康提供）

胰腺坏死，脾脏肿大、出血
（朱德康提供）

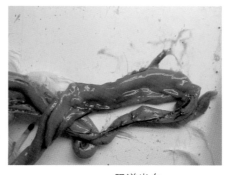

肠道出血
（朱德康提供）

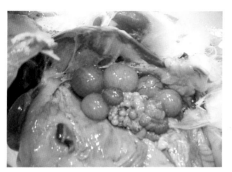

卵泡膜充血、出血，有的卵泡萎缩
（朱德康提供）

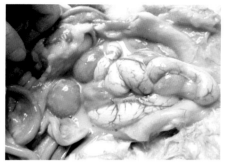

病程后期继发细菌性卵黄性腹膜炎
（朱德康提供）

● **免疫防治** 应用禽流感灭活疫苗进行免疫预防，具体参见疫苗说明书。

五、鸭坦布苏病毒病

鸭坦布苏病毒病是由鸭坦布苏病毒(DTV)引起的主要发生于产蛋鸭的急性传染病，临床表现主要是产蛋下降，临床病理变化主要是卵巢出血和坏死。

● **临床诊断**

死亡率与饲养管理因素密切，低至1%，高可达30%

采食量突然下降，产蛋量急速下降甚至停产，病鸭多排黄绿色粪便

产沙壳蛋
（朱德康提供）

● 病理学诊断

卵巢充血、出血

（朱德康提供）

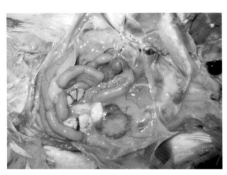

后期继发细菌性卵黄性腹膜炎

卵巢充血、出血、坏死

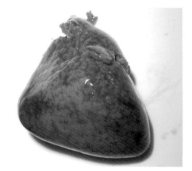

脾脏肿大、充血、出血

● 免疫防治　目前尚无有效疫苗用于鸭坦布苏病毒病的预防，也无有效的治疗药物。

六、鸭腺病毒感染

鸭腺病毒感染是由鸭腺病毒感染产蛋鸭导致鸭群产蛋下降。临床表现为产蛋高峰期的鸭群突然出现产蛋激烈下降，产畸形蛋、沙壳蛋、软壳蛋等。

● 临床诊断

鸭群产蛋下降，但精神和食欲正常

畸形蛋、沙壳蛋和小蛋

软 壳 蛋

● 病理学诊断

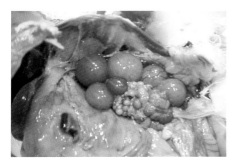

产蛋鸭卵巢充血、出血、萎缩

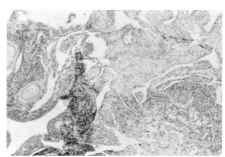

产蛋鸭卵巢大量淋巴细胞浸润，卵泡
数量锐减

● **免疫防治** 鸭腺病毒灭活疫苗于种鸭开产前 10 ~ 15 天注射,具有良好的预防效果。

第二节　鸭细菌性疾病

一、鸭传染性浆膜炎

鸭传染性浆膜炎是由鸭疫里默氏菌引起鸭的一种接触性、急性或慢性、败血性传染病,主要侵害 1 ~ 8 周龄的小鸭,常造成小鸭严重死亡。病变特征为纤维素性心包炎、肝周炎、气囊炎。

● **临床诊断**

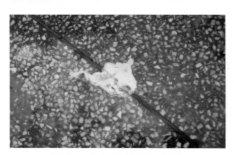

排灰白色夹带黄绿色稀粪　　　　　　病后期出现神经症状

● **病理学诊断**

14日龄樱桃谷鸭纤维素性肝周炎、气囊炎和心包炎　　　　50日龄樱桃谷鸭纤维素性肝周炎、气囊炎和心包炎

● **防治措施**

➤ 疫苗接种 1～7日龄皮下注射鸭传染性浆膜炎灭活疫苗 0.25 毫升，能够有效预防该病的发生。种鸭在产蛋前2～4周皮下注射0.5 毫升，下一代雏鸭在1～10日龄可获得较好保护。

➤ 药物防治 鸭疫里默氏菌对许多抗菌药物（如氨苄西林、青霉素、磺胺类等）敏感，各地应根据使用效果及时更换或交替使用，在混料喂服的第1～2天可同时肌内注射，结合清洁卫生和消毒工作，可较快地减少死亡和缩短疗程。

二、鸭大肠杆菌病

鸭大肠杆菌病是由致病性大肠杆菌感染鸭引起的一类疾病的总称，鸭大肠杆菌病往往是由于环境大肠杆菌污染严重、鸭体受应激因素的影响致抵抗力降低及没有免疫力而感染发病。鸭感染大肠杆菌后发病类型较多。

● **临床诊断**

雏鸭人工感染表现为精神沉郁，运动减少，采食量减少，嗜睡，拉灰白色或绿色稀粪

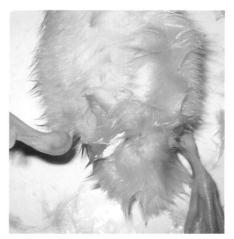

粪污沾满肛门周围羽毛

大肠杆菌性眼炎

泄殖腔炎症

● 病理学诊断

鸭大肠杆菌性心包炎和肝周炎

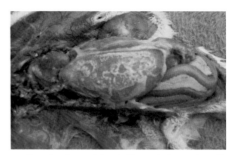

大肠杆菌－沙门氏菌－鸭疫里默氏菌
混合感染导致的败血症

大肠杆菌性卵黄性腹膜炎

三、鸭巴氏杆菌病（鸭霍乱）

鸭巴氏杆菌病是由多杀性巴氏杆菌引起的鸭急性、败血性、接触性传染病，发病率和死亡率均高。其病理变化特征主要是浆膜和黏膜上有小点出血，肝脏有大量坏死病灶。慢性型主要表现为关节炎。本病又称鸭霍乱或鸭出血性败血症。

● 临床诊断

病鸭精神委顿，羽毛松乱，不愿下水游泳，食欲减退或不食，口渴

（朱德康提供）

嗉囊内积食或积液，将病鸭倒提时，有大量恶臭污秽液体从口和鼻流出

（朱德康提供）

● 病理学诊断

皮肤严重出血

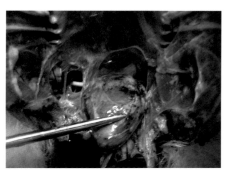

心外膜和心冠有严重出血点（斑），心包充满大量淡黄色液体

肝表面大量针尖大小灰白色坏死点

肠外浆膜面严重出血

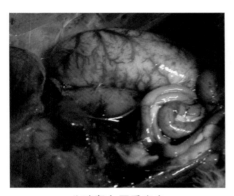

公鸭睾丸严重出血

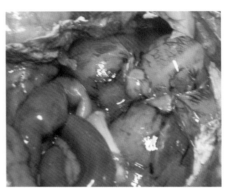

母鸭卵巢严重出血

腹腔浆膜严重出血

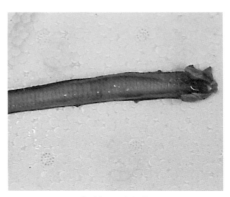

气管严重出血

● 免疫防治

➤ 疫苗免疫　可用禽霍乱弱毒活疫苗或灭活疫苗。详见说明书。

➤ 治疗　多种药物（如青霉素、链霉素、磺胺二甲基嘧啶、红霉素、庆大霉素、喹诺酮类等）都可用于本病的治疗，并且都有不同程度的治疗效果，疗效的大小在一定程度上取决于治疗是否及时和用药是否恰当。药敏试验对于指导用药意义重大。

四、鸭副伤寒（鸭沙门菌感染）

鸭副伤寒是由沙门菌属的一种或几种沙门菌（临床上以肠炎沙门菌、鼠伤寒沙门菌、鸭沙门菌等多见）引起的鸭的常见多发性传染病，呈急性或慢性感染。它可引起雏鸭大批死亡，严重影响雏鸭存活率。

● 临床诊断

死胚、出壳困难

雏鸭绒毛松乱，腿软，拉稀粪、腥臭，肛门周围羽毛常被粪尿黏着

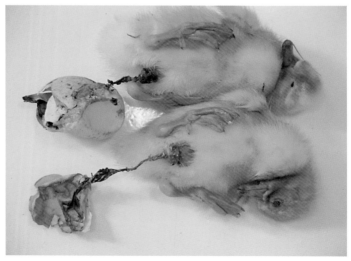

雏鸭沙门菌性脐炎、出壳困难

● 病理学诊断

肝脏青铜色
（朱德康提供）

脾脏肿大

种鸭沙门菌性卵黄性腹膜炎

肠道出血、坏死

● 防治措施

➢ 对本病尚无可用疫苗　平时加强综合性防控措施是至为重要的措施。很多抗菌药物（如头孢曲松、菌必治、氨苄西林、强力霉素、丁胺卡那霉素等）对鸭副伤寒均具有很好疗效，但决定使用何种药物治疗之前最好进行细菌分离和药敏试验，选择最有效的药物用于治疗。

8 第八章 肉鸭屠宰加工

　　肉鸭屠宰具有较为完善的自动宰杀生产线,宰后加工环节多,品种也非常繁多,这里只介绍肉鸭屠宰加工的工艺流程。

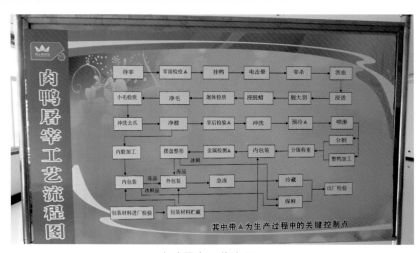

肉鸭屠宰工艺流程图

肉鸭屠宰前需隔离饲养、观察,进行宰前检疫

检疫合格的肉鸭，用经消毒的专用塑料箱装载，再用经消毒的车辆运至屠宰加工厂

挂鸭工序（将鸭挂在屠宰线的挂架上）

沥血工序〔先行电击致昏，然后颈部放血，血液流入专用收集器（沥血时间3～5分钟）〕

浸烫工序（温度58～60℃，时间60～70秒），然后脱大羽

浸蜡和脱蜡

钳除胴体上的小毛

小毛检质

冲洗去爪，净膛，取出内脏器官

胴体冲洗消毒，对胴体进行预冷（水温 0 ～ 4℃）

对胴体进行分割（环境温度 10 ～ 14℃）

对胴体分割块进行包装（环境温度 10 ～ 14℃）

加工产品展示

9 第九章　鸭场生产与经营管理

一、鸭场的计划管理

● **鸭场生产周期**　鸭场要制订销售计划、生产计划、群体周转计划等，就必须先了解鸭场的生产周期。

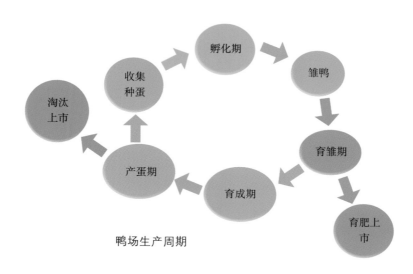

鸭场生产周期

● **销售计划的制订**　销售计划可分为年度销售计划、季度销售计划和月度销售计划，其制订依据几乎一致。

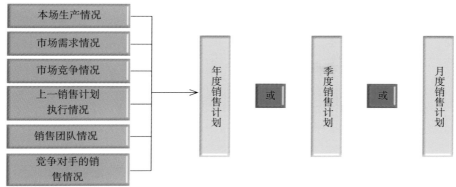

● **生产计划的制订** 生产计划分为种鸭场的生产计划和商品鸭场的生产计划。当养殖户在对自身养殖条件、当地市场情况及资源状况进行分析后，确定养殖的品种及养殖的类型。生产计划的制订是否合理可行，是关系整个鸭场能否有序生产，获得最佳效益的关键。

➤ 种鸭场生产计划的制订

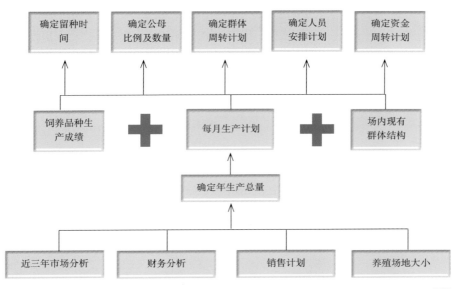

➤ 商品鸭场生产计划的制订

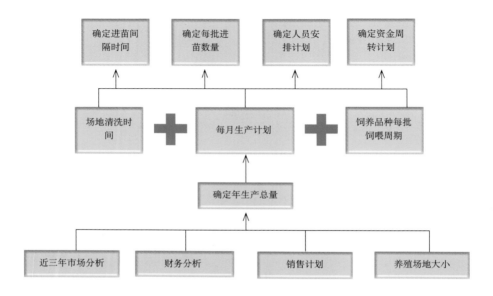

● **群体周转计划** 在种鸭的饲养过程中，由于受饲养种鸭年龄、生产成绩及市场等因素的影响，因此，需灵活地对场内群体进行淘汰和留种。

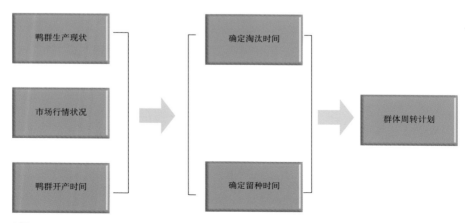

二、鸭场的经营管理

● 鸭场的组织结构

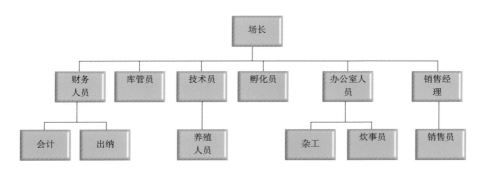

● 岗位职责 指一个岗位需要完成的工作，同时也是绩效考核的标准。

岗 位	岗 位 职 责
场长	统揽全局；制订生产计划、群体周转计划、资金计划及利益的分析；协调人员安排，政策、制度的制订、实施及监督；保证生产计划的完成
销售经理	负责制订销售计划，场内产品的销售，市场的开发，销售网络的维持
库管员	负责场内种蛋及其他附属产品的保管，饲料、器材及其他易耗品的保管及发放
办公室	负责保证场内后勤，完成相关材料的写作，人员的接待，协助场长进行人员的协调
技术员	负责全场的技术工作，尤其是免疫、投药和消毒防疫工作，随时观察场内鸭群健康状况，同时负责药品、免疫器材的保管
出纳	场内现金的管理；定期向场长汇报资金、银行收付报表；参与拟定经济计划、业务计划，考核、分析预算、财务计划的执行情况
会计	负责场内记账、算账和报账，参与拟定经济计划、业务计划，考核、分析预算、财务计划的执行情况
孵化员	负责搞好场内孵化任务，孵化设备、器材的管理及清洗
养殖员	负责鸭的饲养、种蛋收集、记录及圈舍清洗，及时向技术员反映鸭群健康状况
炊事员	负责全场职工的伙食，食堂卫生的打扫
杂工	随时服从调配，具体职务服从安排

具体的岗位安排可以根据养殖规模的大小而定。当养殖场规模不大时，其中某些岗位可以安排兼任，如场长可兼任出纳，技术员可兼任会计，办公室人员可兼任库管员等，以减少场内的支出，保障利益。

● **绩效考核**　进行绩效考核，能够让员工更加尽心地工作，尤其是对于生产一线的员工来说，在激发他们工作激情的同时能够保证工作的质量。

人　员	考 核 指 标
技术员	是否及时进行免疫，是否及时对病鸭进行处理，是否达到鸭群生长、生产指标
孵化员	孵化率、健雏率及孵化机的维护情况
库管员	物品的管理是否到位，进出库物品是否登记，种蛋、饲料的保管是否正确
育雏员	育雏期成活率是否大于93%，每周龄鸭是否达到该品种生长水平
育成（肥）员	育成期成活率是否大于97%，每周龄鸭是否达到该品种生长水平
种鸭员	产蛋高峰期维持时间，种蛋受精率，种蛋清洁度，种鸭饲喂期间死淘率是否低于5%

　　按照绩效考核标准，当员工超额完成任务时就应该予以奖励，当员工未完成生产任务时就应该予以惩罚。

● **财务管理**

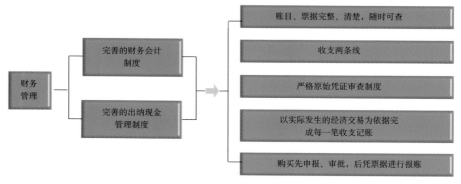

三、鸭场的经营管理策略

● 降低生产成本　养殖场的负责人应当具备强烈的成本意识，做到科学养殖，科学管理，以降低生产成本，保证效益。

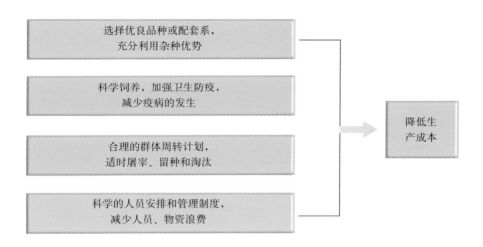

● 提升核心竞争力　市场竞争不断加大，加上鸭的养殖周期较短，入门较易，因此，容易导致市场多变。在这种情况下，只有提高自己养殖场的核心竞争力，这样才能在多变的市场条件下保证鸭场利益。

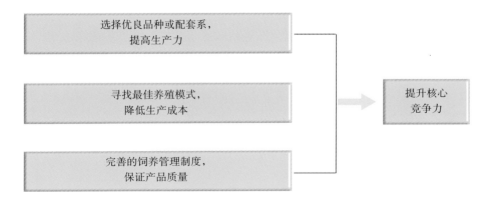

● **敏锐的市场观察力** 鸭的养殖周期较短，入门较容易，导致市场变动剧烈，这就需要鸭场负责人具有敏锐的市场观察力，能够对未来一段时间内的市场行情进行分析判断，以确定生产计划，从而避免不必要的损失。另外，还要能够准确地掌握消费者的消费变化趋势，从而快速地占领市场，取得较好的经济效益。

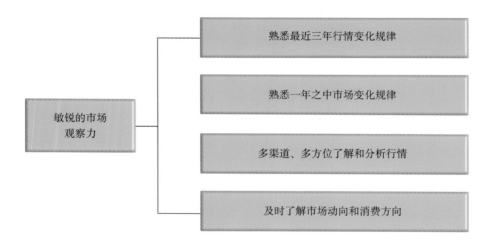

综上所述，鸭的养殖，最终目的是为了获得最大的经济效益。而要想获得最大的经济效益，就必须进行科学养殖，就需要养殖场负责人能够把握市场，制订科学的生产计划，降低生产成本。必须通过加强场内的人员管理，同时完善相关制度，实现"科学化生产，制度化管理，规模化经营"，从而在利益最大化的同时实现鸭场的健康、持续发展。

10 第十章 鸭场疫病防控容易忽略的细节

饲养管理细节决定鸭场疫病防治的成败。现将鸭病控制常被忽视的细节列举如下。

第一节 场址选择不当导致鸭场疫病难以控制

简陋鸭舍建在公路干道旁边，没有消毒隔离设施，疾病发生不断

坐落于群山环抱、周围5千米内无其他无关生产生活设施的鸭场，没有疫病的发生

第二节 设施建设不当导致鸭场疫病难以控制

地面饲养，垫料潮湿，羽毛沾污，疫病不断，几乎不能停用抗生素，用药成本极高

网上饲养，鸭不接触粪便，存活率远远高于左图，也大大节约用药成本

钢丝网床，尖锐的接头往往造成鸭脚部的损伤而出现腿疾

林下养鸭，由于地面未硬化，雨天泥泞不堪，不易消毒，易发疫病

鱼塘边的简易鸭棚，水体一旦被病原污染，疫病就不断发生

　　没有屋顶的入场消毒池，消毒液容易受日晒雨淋的影响，无法发挥较好的消毒效果

第三节　对消毒的认识不到位导致鸭场疫病难以控制

要树立为有效控制疫病而进行消毒的观念。

● 正确观念　养鸭者需要牢记以下观念。

➤ 预防重于治疗，消毒胜过投药，消毒可以减少用药，投药不能代替消毒，选择最佳消毒药，坚持长期消毒。

➤ 鸭舍内外环境散布大量病原体，达到一定浓度即致发病，应加强平时消毒。

➤ 密集饲养增加了疫病感染的机会，应加强平时消毒。

➤ 目前疫病的发生多为合并感染，一种药不能治疗多种病，消毒可广谱杀灭环境中的细菌、病毒。

➤ 许多疫病尚无良好治疗药物或预防疫苗，应加强平时消毒。

➤ 疫苗免疫接种鸭体后，免疫力产生前的危险期需要靠消毒来保证鸭群不被感染。

➤ 疫苗免疫接种鸭体后的初期，抗体保护效价低于外界污染程度时，应加强平时消毒。

➤ 降低体外病原体数量和致病性，减少感染机会，应加强平时消毒。

➤ 疫苗和药品都有其明确的适应证及禁忌证，消毒可广谱杀灭致病病原。

➤ 环境消毒无药物的体内残留问题，不加重器官排泄和解毒负担。

➤ 免疫或发病时配合消毒，综合防疫效果更好。

简单实用的人行过道雾化消毒发生器，可于短时间内将消毒液雾化于密闭空间

➤ 有效消毒可有效减少抗菌药物使用成本。

● **错误认识** 养鸭生产中，常常存在以下一些对消毒的错误认识，以至于疫病严重发生。

➤ 按种了疫苗，就安全了，不按规定消毒。

➤ 对消毒无信心，看不见摸不着，对消毒效果持怀疑态度。

➤ 药品可直接喂给鸭，对地面、环境进行消毒似乎无价值。

➤ 只重视进舍前消毒而忽视进舍后消毒。

➤ 消毒不彻底，只在发病时消毒，不坚持定期及长期消毒。

➤ 忽视鸭体、空气、饮水及地面消毒。

➤ 消毒池形同虚设，反而成了病原集中处。

➤ 不按规定选择消毒剂，导致消毒效果不佳。

消毒池是用于进出车辆等消毒的，图中消毒池长时间没有更换消毒液，反而成为疫病传染的来源

市面上购买的鸭，未经消毒隔离即进入了鸭场

（朱德康提供）

未经消毒的车辆及用具进入
鸭场运输鸭

（朱德康提供）

装运过鸭的工具，没有进行
消毒就返回鸭场

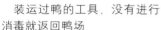

第四节　对疫苗认识不到位导致鸭场
疫病难以控制

　　使用疫苗免疫接种鸭是有效预防鸭病的关键措施。同时，也应该
清楚地认识到应保证良好的饲养管理，使鸭具备健康的体质，疫苗才
能发挥最佳效能。

　　疫苗免疫接种鸭后，搞好免疫水平监测，做到心中有数，对免疫力
不足者及时进行补免。

疫苗免疫接种鸭后应适时进行抗体水平检测

第五节　管理措施不到位导致鸭场疫病难以控制

在养鸭生产实践中，常常由于鸭场管理规章制度未能得到良好贯彻落实，导致鸭场疫病难以控制。

孵化后废弃的蛋壳、死胚等，如果不能及时正确处理，会导致病菌大量增生繁殖、苍蝇滋生，传染疫病

垫料潮湿、沾污等，导致种蛋污染，影响孵化率、出雏率和雏鸭存活率

长时间未更换、冲洗的戏水池，污染严重，成为鸭场疫病的重要传染来源

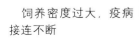

饲养密度过大，疫病接连不断

管理不到位，病、死鸭未能及时隔离和清除

发病鸭被隔离在同一鸭舍，导致健康鸭不断被传染

　　我国北方冬天寒冷，养鸭户用饲料将鸭舍封闭保温，空气不能有效流通，氨气等有害气体严重超标，鸭舍气味刺鼻，鸭难忍流泪，浆膜炎等疫病频频发生

运动场未能及时冲洗，饮水池未能及时更换清洁水

未能及时清除的、被发病鸭污染的发酵床，导致新进批次鸭发病

阴暗潮湿的育雏室，往往造成严重发病和死亡

南方一些鸭场炎热夏季鸭舍通风不良，饲养密度大，鸭群炎热难忍，发病和死亡严重

随意抛弃病死鸭，污染环境，形成新的传染源

鸭场内饲料管理不善、驱鸟不力，容易带进传染病

鸭场内养了一些鸡，混养容易传染疫病

　　散落的饲料未能及时清除，在炎热潮湿的南方极易发霉，被鸭采食后容易引起发病，或降低鸭体免疫力，从而诱发其他疾病的发生

　　出现腿疾的鸭，不应该继续留作种用，应该及时淘汰

　　被啄羽的鸭，应该及时清理出鸭群

饲养管理良好的鸭场（上）和饲养管理糟糕的鸭场（下）对比明显

参 考 文 献

DB13/T 907—2007 肉种鸭饲养管理技术规程.

陈国宏.2004.中国禽类遗传资源.上海：上海科学技术出版社.

程安春.2004.养鸭与鸭病防治.第2版.北京：中国农业大学出版社.

国家畜禽遗传资源委员会.2011.中国畜禽遗传资源志——家禽志.北京：中国农业出版社.

马敏.2002.养鸭关键技术.成都：四川科学技术出版社.

彭祥伟,梁青春.2009.新编鸭鹅饲料配方600例.北京：化学工业出版社.

佟建明.2007.饲料配方手册.第2版.北京：中国农业大学出版社.

王继文,马敏.2010.图说高效养鸭关键技术.北京：金盾出版社.

肖光明,邓云波.2005.无公害养殖新技术丛书——鸭养殖.长沙：湖南科学技术出版社.

图书在版编目（CIP）数据

鸭标准化规模养殖图册 / 程安春，王继文主编. —
北京：中国农业出版社，2019.6
（图解畜禽标准化规模养殖系列丛书）
ISBN 978-7-109-25219-6

Ⅰ．①鸭… Ⅱ．①程… ②王… Ⅲ．①鸭 – 饲养管理
– 图解 Ⅳ．①S834.4–64

中国版本图书馆CIP数据核字（2019）第018895号

中国农业出版社出版
（北京市朝阳区麦子店街18号楼）
（邮政编码 100125）
责任编辑　刘　玮　颜景辰　王森鹤
―――――――――
中农印务有限公司印刷　新华书店北京发行所发行
2019年6月第1版　2019年6月北京第1次印刷
―――――――――
开本：880mm×1230mm　1/32　印张：4.5
字数：120千字
定价：28.00元
（凡本版图书出现印刷、装订错误，请向出版社发行部调换）